Otto Bütschli

# Über den Bau der Bakterien und verwandter Organismen

Vortrag gehalten am 6. Dezember 1889 im natur-histor.-medizinischen Verein zu

Heidelberg

Otto Bütschli

**Über den Bau der Bakterien und verwandter Organismen**
*Vortrag gehalten am 6. Dezember 1889 im natur-histor.-medizinischen Verein zu Heidelberg*

ISBN/EAN: 9783743464285

Hergestellt in Europa, USA, Kanada, Australien, Japan

Cover: Foto ©berggeist007 / pixelio.de

Manufactured and distributed by brebook publishing software (www.brebook.com)

Otto Bütschli

**Über den Bau der Bakterien und verwandter Organismen**

# Ueber

# den Bau der Bacterien

und

# verwandter Organismen.

## Vortrag,

gehalten am 6. December 1889 im naturhistor.-medicinischen
Verein zu Heidelberg

von

## O. Bütschli,

Professor der Zoologie zu Heidelberg.

Mit einer lithographirten Tafel.

.

## Leipzig.

C. F. Winter'sche Verlagshandlung.

1890.

Die Untersuchungen, über welche hier ein vorläufiger, jedoch wegen des Interesses der behandelten Fragen etwas eingehender Bericht erstattet werden soll, beschäftigen mich seit der Mitte dieses Jahres. Es scheint zweckmässig, bei der Besprechung dem Verlaufe der Untersuchung zu folgen, denn es dürfte Manchen interessiren, zu erfahren, wie eine Beobachtung die andere anregte und so schliesslich gewisse Resultate erzielt wurden, welche einige Tragweite besitzen mögen.

In gewissem Sinne verdankt diese Arbeit einem Zufall ihre Entstehung. Herr Stud. Förster aus Mannheim, welcher sich gelegentlich auf dem zoologischen Institut zu Heidelberg beschäftigte, fand nämlich vergangenen Sommer in gewissen Tümpeln der Umgebung von Ludwigshafen zwei interessante bacterienähnliche Organismen in reicher Menge, welche zum Ausgangspunkt der Arbeit wurden[1]). In gewissem Sinne, bemerkte ich, kam also der Zufall hierbei ins Spiel. Andererseits harrte ich schon längere Zeit auf eine Gelegenheit, die Morphologie der Bacteriaceen ein wenig studiren zu können; denn meine langjährige Beschäftigung mit den Protozoën, von welchen manche gewisse Berührungspunkte mit den Bacteriaceen darbieten, liess natürlich den Wunsch entstehen, bei Gelegenheit auch letztere genauer zu verfolgen.

Dieser Wunsch machte sich um so mehr geltend, als ich es nicht umgehen konnte, in meinem Protozoënwerke die Verwandtschaftsverhältnisse der Bacteriaceen gelegentlich zu besprechen[2]). Ich kam dabei zu dem Schlusse, dass sie den Flagellaten am nächsten ständen, welcher Ansicht de Bary[3]) im Wesentlichen zustimmte. Auch über

---

[1]) Herr Stud. Förster hat sich nicht nur durch die Aufsuchung des genannten Materials um das Zustandekommen dieser Untersuchungen grosse Verdienste erworben, sondern auch unter meiner Mitwirkung auf dem zoologischen Institut eine Anzahl Beobachtungen über dasselbe gemacht, an welche meine weitere Untersuchung anknüpfte. So wurden namentlich die Beobachtungen über den rothen Farbstoff und das Vorkommen von Stärke gemeinsam mit ihm angestellt. Alles über die Kerne Mitzutheilende wurde jedoch erst später von mir allein ermittelt. Auch verdanke ich der gütigen Aufmerksamkeit des Herrn Förster die Beibringung von mancherlei interessantem weiterem Material, sowie gelegentliche Unterstützung bei der Anfertigung von Präparaten.

[2]) Protozoën. I. Bd. von Bronn's Klassen und Ordnungen des Thierreichs. pag. 808. (1884.)

[3]) Vergl. Morphologie und Biologie der Pilze, Mycetozoën und Bacterien. 1884. pag. 477 und 513.

1 *

4

die Frage, ob die Bacteriaceen, wie gewöhnlich angenommen wird, kernlose Organismen, sog. Moneren im Häckel'schen Sinne seien, oder ob sie vom gesetzmässigen Aufbau der Zelle aus Kern und Plasma keine Ausnahme machten, äusserte ich mich in dem Protozoënwerk gelegentlich[1]). Ich erachtete dies wenigstens für noch unentschieden und hielt die Kernhaltigkeit der Bacteriaceen für möglich.

Besonders die letzterwähnte Frage schien durch die genauere Untersuchung jener beiden grossen Bacteriaceen einer Lösung entgegengeführt werden zu können. Ihre Entscheidung schien um so interessanter, als die einst für ziemlich umfangreich erachtete Gruppe der kernlosen ein- oder mehrzelligen Urorganismen, der sog. Moneres, in welchen Häckel und seine Anhänger den Ausgangspunkt der kernführenden eigentlichen Zellen erblicken, durch die genaueren und methodischen Forschungen der beiden letzten Decennien mehr und mehr eingeschränkt worden war. Schliesslich blieben in ihr nur noch die Bacteriaceen und die nächstverwandten Schizophyceen (oder Cyanophyceen) übrig; denn was ihr sonst noch von angeblich kernlosen Einzelligen beigerechnet wird, besitzt aller Analogie nach Nucleï und verdankt seinen Monerencharakter nur mangelhafter Untersuchung früherer Zeit; wenigstens stammen die Angaben über diese Moneren sämmtlich aus einer Zeit, wo es mit dem Nachweis der Kerne noch unsicher stand.

Berücksichtigt man ferner die thatsächlichen Erfahrungen und die theoretischen Vorstellungen, welche die neuere Zeit über die grosse Bedeutung des Kerns für das Leben und namentlich die morphologische Ausbildung der Zellen, und dementsprechend auch der vielzelligen Organismen beigebracht hat, so erhält die Frage, ob es wirklich kernlose Organismen gibt, ein noch viel lebendigeres Interesse. Bekanntlich ist jetzt die Ansicht ziemlich allgemein verbreitet, dass die Kerne alleinige Träger der Vererbung bei der geschlechtlichen Fortpflanzung seien, und die neuesten, wichtigen Forschungen von Boveri[2]) über die Befruchtung kernloser Fragmente von Seeigeleiern mit Spermatozoën einer anderen Art, machen es kaum mehr möglich, die Richtigkeit dieser Auffassung zu bezweifeln. — Ich hebe dies hier gerne hervor, da ich selbst bis dahin von einer so ausschliesslichen Herrschaft des Kernes nicht überzeugt war. Dass auch der Kern der Einzelligen einen entsprechenden Einfluss auf die morphologische Ausbildung der Zelle hat, muss angesichts der erwähnten Erfahrungen über die geschlechtliche Fortpflanzung der Höheren zugegeben werden und folgt auch aus den Versuchen über das Verhalten kernloser Theilstücke der Einzelligen gegenüber kernführenden.

[1]) l. c. Einleitung pag. XIII. (1888.)
[2]) Boveri, Th., Ein geschlechtlich erzeugter Organismus ohne mütterliche Eigenschaften. Berichte der Gesellsch. f. Morphol. u. Physiol. München 1889.

Bestätigt sich also mehr und mehr die Ansicht über die maassgebende Bedeutung, welche die Kerne für die morphologischen, zweifellos aber auch für die physiologischen Vorgänge in der Zelle besitzen, so tritt, wie gesagt, die Frage um so ernster auf, ob thatsächlich grosse Gruppen von Organismen existiren, deren morphologische wie physiologische Thätigkeit unabhängig von einem dem Kern der übrigen Zellen gleichzusetzenden Element sei.

Für die Bacteriaceen erhielt diese Frage neuerdings durch Ernst's schöne Untersuchungen [1]) einen wichtigen Anstoss. Ernst fand in zahlreichen Bacterienformen Körner, welche sich mit gewissen Anilinfarben, aber auch mit typischen Kernfärbemitteln, namentlich Haematoxylin, intensiv tingirten. Er gelangte denn auch zu dem Schluss, dass jene Körner mit grosser Wahrscheinlichkeit als Kerne anzusprechen seien. Herr Dr. Ernst hatte vor dem Abschluss seiner Arbeit die Güte, mir einige seiner Präparate von Bacteriaceen zu zeigen: ich hielt es für durchaus möglich, dass jene Gebilde einfachste Kerne seien. Auf meine Anregung untersuchte Ernst auch einige Oscillarien (Schizophycea) und fand in ihnen die gleichen Körner.

Die beiden grossen bacterienähnlichen Organismen, welche den Ausgangspunkt meiner Untersuchungen bildeten, sind alte Bekannte. Ehrenberg[2]) hat beide schon vor 50 Jahren entdeckt und als Monas Okenii und Ophidomonas jenensis beschrieben. Sie gehören zur Gruppe der Organismen, welche man heute gewöhnlich Schwefelbacterien nennt; dieselbe umfasst ausser den beiden genannten noch viele andere Formen. Gemeinsame Eigenthümlichkeit der Schwefelbacterien ist ihre Abhängigkeit von Schwefelwasserstoff. Sie finden sich nur da in grösserer Menge, wo Schwefelwasserstoff reichlicher gebildet wird, also in Schwefelquellen oder in Sümpfen, wo sich durch Reduction schwefelsaurer Salze Schwefelwasserstoff entwickelt. Der schwarze Schlamm jener Tümpel in der Umgebung Ludwigshafens, aus welchen die genannten Formen stammen, riecht stark nach Schwefelwasserstoff.

Nicht nur unschädlich ist jenes Gas den Schwefelbacterien, sondern geradezu nothwendig für ihre gedeihliche Entwicklung, wie die neueren Untersuchungen Winogradsky's[3]) erweisen. In schwefelwasserstofffreiem Wasser gedeihen sie nicht, sondern gehen früher oder später zu Grunde. Bei einem bestimmten Schwefelwasserstoff-Gehalt des Wassers

[1]) Ernst, P., Ueber Kern- und Sporenbildung der Bacterien. Zeitschrift f. Hygiene. Bd. V. 1888. pag. 428—486. 2 Tf.
[2]) Ehrenberg, Chr. G., Die Infusionsthiere als vollkommene Organismen. Leipzig 1838.
[3]) Winogradsky, S., Ueber Schwefelbacterien. Bot. Zeitung. 1887.
Beiträge zur Morphologie und Physiologie der Bacterien. Hft. I. Zur Morphologie und Physiologie der Schwefelbacterien. Leipzig 1888. 4 Tf.

vegetiren sie hingegen vortrefflich und vermehren sich reichlich. Alle diese Schwefelbacterien zeigen eine gemeinsame Eigenthümlichkeit, welche, in directester Abhängigkeit von der $SH_2$-Zufuhr steht, wie Winogradsky nachwies. Sie enthalten nämlich, spärlicher oder reichlicher, ziemlich dunkle, stark lichtbrechende Körner oder Tropfen; manchmal in so grosser Menge, dass sie ganz undurchsichtig werden. Wie Winogradsky zeigte, verschwinden diese Körner sehr rasch, wenn man jenen Organismen den $SH_2$ entzieht, entstehen dagegen bei erneutem Zusatz dieses Gases fast sofort wieder. Seit Cramer, und im Anschluss an ihn Cohn, die Ansicht äusserten, dass jene Körner Schwefel seien, welche durch Oxydation des $SH_2$ (Winogradsky) im Plasma der Schwefelbacterien entständen, hat diese Auffassung allgemeine Verbreitung gefunden. Namentlich die Beobachtungen Winogradsky's (1887) scheinen die Schwefelnatur der Körner überzeugend erwiesen zu haben. Die Beobachtungen der beiden früheren Forscher liessen doch noch erhebliche Zweifel bestehen. Es ist sogenannter weicher Schwefel, der in Tropfenform dem Plasma eingelagert ist, sich verhältnissmässig leicht in absolutem Alkohol löst und beim Eindunsten der Lösung wieder in ganz ebensolchen feinen Tröpfchen zurückbleibt (Bütschli). Die Schwefelkörner schwinden ferner vollständig bei 24stündiger Verdauung in künstlichem Magensaft und bei ebensolanger Behandlung mit 10% Sodalösung (Bütschli).

Ich schildere nun zunächst die Untersuchungsergebnisse an der sog. Monas Okenii Ehb., da sie für die Beobachtung geeigneter ist wie Ophidomonas jenensis und daher klarere Aufschlüsse gewährt. Winogradsky (1888), welcher die Schwefelbacterien neuerdings eingehend und in vieler Hinsicht trefflich studirte, adoptirte für sie und eine Anzahl verwandter Organismen den Perty'schen Gattungsnamen Chromatium, weil sie natürlich unter dem anderweitig verwertheten Namen Monas nicht verbleiben können. Zopf[1]) hat sie mit zahlreichen anderen schwefelführenden und rothen Formen unter dem Namen Beggiatoa roseo-persicina vereinigt, da er die irrige Ansicht vertritt, dass Monas Okenii nur ein gewisser Formzustand einer äusserst vielgestaltigen, pleomorphen Schwefelbacterie sei. Ich freue mich, mit meinen Erfahrungen Winogradsky's Angaben: es sei die Zopf'sche Auffassung gänzlich unhaltbar, vollkommen bestätigen zu können. Sowohl Chromatium Okenii wie Ophidomonas jenensis, welch' letztere Zopf nach seiner Hypothese auch nur als einen vorübergehenden Formzustand einer vielgestaltigen Schwefelbacterie betrachten müsste, sind völlig beständige Organismen. Ich habe sie jetzt mehrere Monate anhaltend verfolgt und stets nur von

---

[1]) Zopf, W., Zur Morphologie der Spaltpflanzen (Spaltpilze und Spaltalgen). Leipzig 1882 und in „Die Spaltpilze". Handbuch der Botanik, herausgeg. von Schenk. Bd. III. 1884.

gleicher Form und Beschaffenheit angetroffen. An den erwähnten Fund-
orten kann während dieser relativ langen Untersuchungszeit auch nicht
eine einzige anders gestaltete Form vor, welche eventuell in den Ent-
wicklungskreis einer der beiden Schwefelbacterien gehören konnte. Meine
Bestätigung der Winogradsky'schen Ergebnisse von der Constanz dieser
Formen ist um so erfreulicher, als ich völlig unabhängig von ihm zu
diesem Resultat kam; denn seine Arbeiten wurden mir erst bekannt, als
ich schon die feste Ueberzeugung gewonnen hatte, dass Zopf's Lehre für
beide Formen ganz unhaltbar ist.

Chromatium Okenii ist eine jener zahlreichen Schwefelbacterien,
welche einen rothen Farbstoff, das sog. Bacteriopurpurin (R. Lankester),
enthalten. Ihre Gestalt erinnert etwas an eine Bohne, da sie ein klein
wenig gekrümmt ist. Fig. 1a gibt eine seitliche Ansicht, welche die
Formverhältnisse genügend erläutert; der Querschnitt (Fig. 1d) ist kreis-
rund. Die gewöhnliche Maximallänge der zur Theilung schreitenden
Individuen beträgt ca. 0,012—0,014 mm. Doch findet man gelegentlich
einzelne viel längere, wurstförmige Exemplare, deren Beziehungen zu den
gewöhnlichen ich nicht genauer verfolgte.

Die grosse Mehrzahl der Individuen ist meist in lebhaftester Bewegung, welche durch eine ansehnliche, dem einen Pol entspringende,
schon Ehrenberg bekannte Geissel bewirkt wird. Dass sie das Bewegungs-
organ ist, unterliegt keinem Zweifel; auch in diesem Punkt bestätigen
meine unabhängig erzielten Resultate jene Winogradsky's. Um sich
von dieser Thatsache zu überzeugen, presst man am Besten die Chromatien
zwischen Objectträger und Deckglas fest, bis sie ganz bewegungsunfähig
werden. Alsdann kann man oft genug aufs Schönste sehen, wie die
Geissel der regungslos festgehaltenen Individuen lebhafte schraubige Bewegungen ausführt. Das Gleiche lässt sich für Ophidomonas ebenso
leicht und klar erweisen. Auch nach der Tödtung durch Alkohol, Osmiumsäure und viele andere Reagentien, erscheint die Geissel als ein schraubig
gekrümmter, in ganzer Länge gleich dicker Faden (Fig. 1a). Sie verhält
sich demnach in jeder Hinsicht wie die Flagellatengeisseln. Irgend eine
Structur war an ihr, wie auch an den zahlreichen Flagellatengeisseln,
welche ich bei Gelegenheit dieser Untersuchungen wieder beobachtete,
selbst mit den stärksten Zeiss'schen Apochromaten nicht zu entdecken.

Wie schon Cohn[1]) richtig ermittelte, geht das geissellose Ende bei
der Bewegung in der Regel voran, doch kann sich die Bewegungsrichtung
gelegentlich auch auf kurze Strecken umkehren. Will man sich von
der Stellung der Geisseln bei der Bewegung überzeugen, so mischt man
dem Wasser am Besten feine Carminkörnchen oder dergleichen bei und

---

[1]) Cohn, Untersuchungen über Bacterien. II.; in Beiträge zur Biologie der Pflanzen.
III. Hft. (Bd. I.). 1875.

bemerkt dann den von der Geissel verursachten Wirbel am Hinterende der schwimmenden Exemplare. Ohne ein solches Hülfsmittel ist dies Verhalten sehr schwierig festzustellen. Im Vergleich mit den Flagellaten, bei welchen die Geisseln fast stets voran gehen, ist es interessant, hier und wohl auch bei vielen anderen Bacterien das Umgekehrte zu finden. Ophidomonas, obgleich ebenfalls nur an einem Ende mit Geisseln versehen, bewegt sich abwechselnd nach beiden Richtungen ziemlich gleich gut, doch habe ich seine Bewegungsverhältnisse nicht eingehender studirt.

Chromatium Okenii besitzt eine sehr deutliche Membran oder Hülle, wie sich leicht nachweisen lässt. Einmal zieht sich der Inhalt bei der Tödtung mit sehr verschiedenen Reagentien häufig streckenweise oder allseitig deutlich von der Hülle zurück. Andererseits kann man durch starkes Pressen dieser Bacterien die Gegenwart der Membran auf das Schönste nachweisen. Wird der Druck genügend stark, so platzt die Hülle gewöhnlich an einem der Pole auf und der Inhalt fliesst theilweis oder ganz aus. Auf solche Weise gelingt es nicht selten, ganz leere, inhaltsfreie Hüllen zu erhalten.

Die Hülle ist relativ dick, farblos und wie die Quetschpräparate erweisen, aber ja auch die constanten Formverhältnisse schon ergeben, jedenfalls fest. An den entleerten Hüllen lässt sich nicht selten eine Structur ziemlich deutlich beobachten. Sie haben auf der Oberfläche eine ziemlich weitmaschige Netzzeichnung und im optischen Durchschnitt den Knotenpunkten dieses Netzes entsprechende punktförmige Verdickungen. Manchmal schien sogar eine wabige Beschaffenheit der Membran deutlich zu werden.

Besonders wichtig ist das Verhalten der Geissel zur Membran. An den durch Druck entleerten Hüllen ist die Geissel häufig nutadelhaft erhalten und entspringt dann von der Membran. Auch bei solchen Exemplaren, deren Inhalt sich von der Membran mehr oder weniger zurückgezogen hatte oder wo er nur zum Theil ausgetreten war, konnte ich trotz grösster Aufmerksamkeit nie den Durchtritt der Geissel durch die Membran beobachten, was bei Flagellaten mit ächter Zellhaut so leicht zu erkennen ist. Ich muss daher vorerst annehmen, dass die Geissel nicht durch die Membran tritt, ihre Substanz vielmehr in die der Hülle übergeht.

Cellulosereaction zeigt die Membran nicht. Mit Jod färbt sie sich schwach. Eiweissreaction mit dem Millon'schen Reagenz gelang nicht; überhaupt liess sich damit an mit Alkohol des Farbstoffes beraubten Chromatien nur eine gelbe, nie eine sichere rothe Färbung erzielen, trotz lange fortgesetztem Kochen. Mit Haematoxylin und anderen Farbstoffen färbt sich die Membran meist recht stark.

Das geschilderte Verhalten der Membran, wozu sich noch ihre Durchschnürung bei der Theilung gesellt, lässt mich vermuthen, dass sie ein echtes Plasmaproduct ist, eine äusserste fester gewordene, aber auch chemisch veränderte Plasmaschicht.

Der von der Membran umschlossene Inhalt fliesst, wie gesagt, beim Quetschen leicht aus, ist demnach jedenfalls zähflüssig. Wie schon früher bemerkt, erscheint er gefärbt und nach der seither geläufigen Vorstellung sollte eine diffuse rothe Färbung des gesammten Zellinhalts vorhanden sein. Diese Ansicht ist zunächst insofern irrig, als nur eine, ihrer Dicke nach etwas wechselnde äussere Schicht roth, der centrale Haupttheil des Körpers dagegen farblos ist. Letzterer enthält allein die Schwefelkörner: die rothe Rindenschicht ist frei von ihnen. Untersucht man an gepressten Individuen die Oberfläche mit starken Vergrösserungen genauer, so erkennt man, dass der rothe Farbstoff ein deutliches Netzwerk unter der Membran bildet (Fig. 1a), eine Erscheinung, deren Erklärung erst weiter unten, wenn die Structur der rothen Rindenschicht zur Besprechung gelangt, gegeben werden soll.

Gewöhnlich ist der rothe Farbstoff gleichmässig durch die gesammte Rindenschicht vertheilt. In alten Culturen zeigte sich jedoch mehrfach ein abweichendes Verhalten, indem der Farbstoff in der Rindenschicht streckenweis fehlte, so dass die Oberfläche der Chromatien hie und da farblos wurde. Dieses Schwinden des Pigments nahm allmählich zu, indem zahlreiche Individuen auftraten, welche nur noch einige oder gar nur einen grösseren oder kleineren rothen Fleck der Oberfläche besassen. Die Vertheilung des Farbstoffes erinnerte bei solchen Exemplaren sehr an die Chromatophoren der grünen Flagellaten und Pflanzenzellen. Dennoch glaube ich nicht, dass es sich in solchen Fällen um wirkliche, scharf abgegrenzte Chromatophoren handelt, sondern nur um eine ungleiche Vertheilung des Pigments in der Rindenschicht.

Indem ich erst später über die feinere Structur der Rindenschicht berichten und dabei Weiteres über die Vertheilung des Farbstoffes in derselben mittheilen werde, schliesse ich hier einige Bemerkungen über die Natur des sog. Bacteriopurpurins an, worüber bis in die neueste Zeit recht mangelhafte Vorstellungen herrschten.

Interessanter Weise ergab die nähere Untersuchung eine wohl vollkommene Uebereinstimmung des sog. Bacteriopurpurins mit dem rothen Farbstoff der Euglena sanguinea und daher wohl auch jenem der Haematococcen (sog. Haematochrom Cohn)[1]. Das sog. Bacteriopurpurin gehört daher wie die rothen Flagellatenpigmente wohl zu den sog. Fettfarbstoffen (den Chromophanen oder Lipochromen). Es wird von absolutem Alkohol rasch ausgezogen, wobei aber die Chromatien zunächst nicht farblos, sondern deutlich grün werden; da nun der rothe Farbstoff selbst

---

[1] Vergl über den rothen Farbstoff der Flagellaten die Zusammenstellung in meinen Protozoën. pag. 732 ff.

durch Alkohol nicht verändert wird, vielmehr einfach in Lösung geht, so möchte ich hieraus schliessen, dass wie bei Oscillarien, Diatomeen und Florideen ein Farbstoffgemenge vorliegt, d. h., dass neben dem in Alkohol leichter löslichen rothen Pigment ein schwerer extrahirbares grünes, chlorophyllartiges vorhanden ist. Wird die Alkoholbehandlung länger fortgesetzt, so geht auch der grüne Farbstoff in Lösung, die Chromatien werden ganz entfärbt. Auch 40 % Alkohol zieht den Farbstoff beim Erwärmen allmählich aus.

Die alkoholische Lösung erscheint pfirsichblüth- bis ziegelroth und entfärbt sich am Licht allmählich. Wird sie eingedunstet, so scheidet sich der rothe Farbstoff, sobald der Alkohol verdampft ist, in krystallinischen rothen Blättchen aus, welche gewöhnlich kleine Krystallaggregate bilden. Die Krystallform schien am ehesten rhombisch oder monoklin. Bei Zusatz halbverdünnter Schwefelsäure werden die rothen Krystallblättchen schön blau, mit halbverdünnter Salpetersäure dagegen grasgrün mit einem Stich ins Gelbliche; halbverdünnte Salzsäure ändert die Farbe nicht, vertieft sogar das Roth eher. Verdünnte Jodlösung macht sie blaugrün.

Die gleichen Reactionen, sowie die krystallinische Beschaffenheit zeigt bekanntlich auch der rothe Farbstoff der Euglenen, woraus seine Identität mit dem Bacteriopurpurin wohl sicher folgt.

Natürlich zeigen auch die rothen Chromatien dieselben Farbenänderungen bei Zusatz $\frac{1}{2}$ verdünnter Schwefel- oder Salpetersäure, wie schon Winogradsky (1888) beobachtete. Wäscht man die mit Schwefelsäure blaugewordenen Chromatien mit Wasser aus, so tritt die rothe Farbe wieder auf. Lange Behandlung mit $\frac{1}{2}$ Schwefelsäure zerstört den Farbstoff allmählich.

Das Verhalten des Farbstoffs in den Chromatien gegen Essigsäure und kaustische Alkalien fand ich ähnlich, wie es Winogradsky angibt, ebenso die Bräunung beim Erwärmen der Chromatien mit Wasser (60 100°). Wird die alkoholische Lösung auf dem Wasserbade erhitzt, so bräunt sie sich gleichfalls deutlich.

Lebende Chromatien werden bei Behandlung mit sehr verdünnter alkoholischer Jodlösung blaugrün bis gelbgrün, Ophidomonas jenensis unter gleichen Umständen deutlicher blau. Diese Verfärbung der Chromatien durch Jod hängt jedoch nicht nur mit der des rothen Farbstoffs zusammen, sondern beruht zum Theil auf dem regelmässigen Vorkommen eines stärkeartigen Kohlehydrats bei beiden Bacterienformen. Behandelt man nämlich mit Alkohol gänzlich entfärbte Exemplare mit verdünnter Jodlösung, so färben sie sich schön blauroth. Die Farbe schwindet beim Erhitzen vollständig und kehrt beim Erkalten wieder. Wird das entfärbte Alkoholmaterial längere Zeit mit verdünnter Schwefelsäure auf dem Wasserbade erhitzt, so gelingt die Stärkereaction, wie zu erwarten, nicht mehr, die Färbung ist vielmehr jetzt goldgelb. Der Nachweis von

Zucker in der Lösung gelang nicht sicher. Leider blieb bis jetzt unklar, wie der stärkeartige Stoff im Körper dieser Bacterien vertheilt ist. Der centrale, farblose Haupttheil der Chromatien, welcher die Schwefelkörner enthält, verdient unsere ganze Aufmerksamkeit. Werden mit Alkohol getödtete und ihres Farbstoffs, wie der Schwefelkörner beraubte Chromatien mit Delafield'schem Haematoxylin vorsichtig gefärbt, so wird der centrale Theil deutlich und scharf intensiver tingirt als die Rindenschicht (Fig. 1 b). Die gleiche stärkere Färbung des Centralkörpers lässt sich jedoch auch mit anderen Kernfarbstoffen, wie Alaunkarmin, ammoniakalischem Karmin, saurem Karmin (nach Brass), Essigsäure-Methylgrün und Safranin erzielen. Am geeignetsten ist jedoch Haematoxylin-Färbung. Auch an Präparaten, welche nach der Antrocknungsmethode für Bacterien hergestellt und mit Gentianaviolett oder alkalischem Methylenblau (nach Koch) gefärbt sind, tritt der Centraltheil durch intensive Färbung deutlich gegen die Rindenschicht hervor.

An solchen Präparaten (besonders den mit Haematoxylin gefärbten) ist ferner zu erkennen, dass zwar die rothe Rindenschicht in der Regel nur einen schmalen Ueberzug des Centralkörpers bildet, dennoch hie und da auch Exemplare vorkommen, deren Centralkörper kleiner ist; vereinzelte finden sich, wo er nur $^1/_1 - ^1/_3$ des Längsdurchmessers der Chromatien erreicht. Solche Exemplare bieten ganz das Bild einer gewöhnlichen Zelle mit Zellkern dar. Bei Durchforschung der frischen Chromatien lassen sich solche Individuen ebenfalls leicht auffinden; sie zeigen namentlich sehr deutlich, dass die Schwefelkörner stets dem farblosen Centralkörper angehören und die rothe Rindenschicht bei ihnen entsprechend dicker ist.

An guten, mit Alkohol getödteten und gefärbten Exemplaren, besser jedoch an mit Pikrinschwefelsäure oder Osmiumsäure hergestellten Präparaten, ist klar zu erkennen, dass der Centralkörper eine schön netzige oder vielmehr wabige Structur besitzt (Fig. 1 b). Dass dieses Gefüge nicht etwa nur von der Auflösung der Schwefelkörner herrührt, geht am klarsten aus der Präparation solcher Exemplare hervor, welche wenige oder gar keine Schwefelkörner enthalten. Aber auch die Structur der nicht oder schwach gefärbten rothen Rindenschicht ist auf solchen Präparaten deutlich festzustellen. Sie ist in der Regel analog einer einfachen, radiär zur Oberfläche des Chromatium gestreiften Hautschicht gebaut, d. h. sie besteht nur aus einer einfachen Lage radiär zur Oberfläche gestellter Waben (Fig. 1 b und k). Dass es sich um Waben handelt, ergibt die Untersuchung der Oberfläche, welche ein deutliches schönes Netzwerk zeigt, d. h. die Wände der radiären Wabenlage der rothen Rindenschicht. Dies Netzwerk der Rindenschicht ist in der Regel etwas weitmaschiger wie jenes des Centralkörpers.

Wo die Rindenschicht dicker wird, besteht sie nicht mehr aus einer einfachen Wabenlage, sondern wird mehrschichtig. Nur die oberflächliche Wabenlage ist dann radiär geordnet, aus Gründen, welche ich anderweitig [1] nachgewiesen habe.

Nicht selten zeigt jedoch der Centralkörper eine etwas modificirte Structur (Fig. 1c), nämlich eine faserige bis knäuelartige, ähnlich wie ich sie früher für die Kerne der Dinoflagellaten beschrieb [2]. Aufmerksames Studium solcher Structuren ruft auch hier die Ueberzeugung hervor, dass sie nur auf Streckung der Waben in gewissen Richtungen beruhen, also unter besonderen Umständen auftretende Modificationen des regelmässigen Wabenbaues sind.

Eine treffliche Bestätigung des wabigen Baues des Inhalts ergibt das oben schon erwähnte Zerquetschen der Chromatien. Der aus der Membran hervorgepresste flüssige Inhalt zeigt den netzigen Wabenbau auf das Schönste und sofort. An dem ausgetretenen Inhalt kann man noch zwei wichtige Thatsachen feststellen: dass nämlich sowohl der rothe Farbstoff wie die Schwefelkörner nicht im Inhalt der Waben (dem sog. Enchylema), sondern im Gerüstwerk, also dem eigentlichen Plasma liegen. Damit erklärt sich auch das oberflächliche rothe Netzwerk, welches schon vorhin bei der Schilderung des Farbstoffs erwähnt wurde (Fig. 1a). Dasselbe ist nichts anderes wie das Wabenwerk der Rindenschicht, dessen Plasmagerüst von rothem Pigment erfüllt ist. Mehrere Male glaube ich mich an dem herausgepressten Plasma der Rindenschicht deutlich überzeugt zu haben, dass der rothe Farbstoff feinstkörnig dem Plasmagerüst eingelagert ist, dasselbe nicht etwa diffus durchtränkt, eine Beobachtung, welche um so wichtiger ist, als sie mit der Deutung des Farbstoffs als Lipochrom harmonirt.

An den mit Haematoxylin gefärbten Alkoholpräparaten treten im stärker tingirten Centralkörper mehr oder weniger zahlreiche Körperchen durch abweichende Farbe deutlich hervor (Fig. 1c). Während das Gerüstwerk blau erscheint, d. h. das Blau alkalischen Haematoxylins zeigt, erscheinen die Körperchen rothviolett, zeigen die Farbe angesäuerten Haematoxylins. Wir wollen diese Körperchen in der Folge als die rothen bezeichnen. Ihre Menge schwankt sehr; bald finden sich nur einige wenige, dann jedoch häufig relativ grosse, bald dagegen mehr bis sehr zahlreiche kleinere und kleinste. Stets finden sich jedoch auch einzelne Exemplare, welche nichts von den Körperchen erkennen lassen. Dennoch bin ich etwas zweifelhaft, ob wir hieraus mit Sicherheit schliessen dürfen, dass sie manchmal ganz fehlen. Einmal könnten sie in diesen Fällen

[1] Bütschli, O., Ueber die Structur des Protoplasmas. Verhandl. des Naturhist. akad. Vereins zu Heidelberg. N. F. Bd. IV. 1889.
[2] Bütschli, O., Einige Bemerkungen über gewisse Organisationsverhältnisse d. Cilioflagellaten etc. Morpholog. Jahrbuch. Bd. X. 1885.

sehr klein sein und daher nicht deutlich hervortreten, andererseits weist aber auch die differente Färbung der Körnchen mit Haematoxylin gewisse Unsicherheiten auf. Gelegentlich kommt es vor, dass in einem Präparat die Körner bei der Haematoxylinfärbung gar nicht unterschieden hervortreten, sich blau färben wie das Gerüst, ohne dass es vorerst möglich wäre, den Grund des abweichenden Verhaltens anzugeben. Es scheint daher möglich, dass auch einzelne Exemplare in sonst gelungenen Präparaten die Farbendifferenz nicht zeigen und die Körnchen desshalb nicht erkennen lassen. — Wie leicht das Auftreten der specifischen Farbenreaction der Körnchen mit Haematoxylin beeinträchtigt wird, zeigt sich auch darin, dass sie nur nach der Tödtung durch Alkohol oder Antrocknung in der Regel gut gelingt. Nach Tödtung mit Pikrinschwefelsäure, Ueberosmiumsäure, Chromosmiumessigsäure oder Sublimat erfolgte sie gewöhnlich gar nicht mehr oder doch nur bei vereinzelten Exemplaren.

Die rothen Körnchen färben sich ferner sehr intensiv mit Essigsäure-Methylgrün und deutlich different auch mit alkalischem Methylblau bei der Antrocknungsmethode; in letzterem Fall ist ihre Farbe auch von der des Gerüstwerks verschieden, nämlich roth, letzteres dagegen blau. Die rothen Körner sind zweifellos identisch mit den von Ernst[1]) in den Bacterien gefundenen, welche sich gegen die genannten Färbungen entsprechend verhalten. Ernst deutet sie, wie schon erwähnt, als Kerne; wir werden darauf weiter unten zurückkommen.

Interessanter Weise lassen sich die Körnchen auch mit dem eigenen Farbstoff der Chromatien färben. Auf diesem Wege bemerkte ich sie überhaupt zuerst. Bringt man etwas von dem aus alkoholischer Lösung auskrystallisirten Farbstoff mit durch Alkohol entfärbten Chromatien zusammen und setzt ½ verdünnte Schwefelsäure zu, so wird der Farbstoff wie erwähnt blau und jedenfalls z. Th. gelöst, denn in manchen Chromatien, namentlich aber in Ophidomonas, tingiren sich die Körnchen intensiv blau.

Auch in den lebenden Chromatien und Ophidomonas sind die Körnchen nachzuweisen, wenn man stark presst; besser lassen sie sich jedoch in dem ausgepressten Inhalt auffinden, als schwach lichtbrechende, ähnlich dem Plasma matt bläulich erscheinende Körperchen. Ausser diesen, in Essigsäure-Methylgrün sich stark färbenden Körnchen liessen sich im herausgepressten Inhalt zuweilen auch kleine blasse Körperchen nachweisen, welche gegen diesen Farbstoff unempfindlich waren.

Wie gesagt, finden sich die rothen Körnchen im Centralkörper, mit Vorliebe und besonders reichlich jedoch in seiner oberflächlichen Lage; namentlich die grösseren Körnchen scheinen nur da aufzutreten. Ich war daher längere Zeit der Meinung, dass sie überhaupt nur an der Oberfläche

[1]) l. s. c.

des Centralkörpers vorkämen, bis mich eine nochmalige genaue Untersuchung sie auch im Innern auffinden liess. Sie sitzen in den Knotenpunkten des Wabengerüstes, wie man sich deutlich überzeugen kann.

Wenn es demnach feststeht, dass die rothen Körner in der Regel
Bestandtheile des Centralkörpers sind, so fällt es doch auf, dass man
einzelne häufig über dessen Grenze in die Rindenschicht stark vorspringen
sieht. Mit aller Sicherheit kann man sich aber auch nicht selten überzeugen, dass gelegentlich einzelne Körnchen in der Rindenschicht vorkommen. Es sind jedoch stets nur wenige, welche in ihr auftreten und
gelegentlich bis zur Membran vordringen.

Wir beschliessen die Besprechung des Chromatium Okenii mit
einigen Bemerkungen über seine Vermehrung durch Theilung. Dieser
Organismus pflanzt sich nur durch gleichhälftige Quertheilung fort. Das
erste Anzeichen der Theilung, abgesehen von einer geringen Längs-
streckung in der Mittelregion, womit wahrscheinlich auch die etwas
bohnenförmige Körperkrümmung schwindet, ist das Auftreten eines sich
mit Haematoxylin sehr stark tingirenden feinen Ringes in der Aequatorialebene (Fig. 1e). Ursprünglich ist die Dicke des Ringes ganz minimal, so
dass er im Querschnitt punktförmig erscheint (1e). Er entsteht dicht
unter der Membran und ist zweifellos ein Product der Rindenschicht,
nicht etwa der Membran, denn man bemerkt auf solch' frühen Stadien
der Theilung, dass der Ring dem Rindenplasma folgt, wenn dieses sich
von der Membran zurückzieht, dass er nicht an der Membran haften
bleibt. Allmählich wächst der Ring nach innen, durch das Rindenplasma
hindurch, bis zur Oberfläche des Centralkörpers aus. Er ist nun zu einer
durchlöcherten dünnen Scheibe geworden (1f—g). Gleichzeitig mit dem
Auswachsen des Ringes beginnt jedoch eine äussere ringförmige Einschnürung in der Aequatorialebene aufzutreten, also da, wo der Ring die
Membran berührt. Von dem Beginn dieser Einschnürung an wurde eine
Lösung des Ringes von der Membran bei der Zurückziehung des Plasmas
nur selten beobachtet, es wird also jetzt eine festere Verbindung beider
eingetreten sein. Allmählich wird die Einschnürung in der Aequatorialebene tiefer und dementsprechend der äussere Durchmesser des Ringes
kleiner, ebenso naturgemäss auch der seiner inneren Oeffnung. Auch
der Centralkörper beginnt sich demnach jetzt in der Aequatorialebene
einzuschnüren, wobei der Ring stets bis zu seiner Grenze reicht. Die
innere Oeffnung des Ringes wird daher allmählich immer kleiner und
schwindet schliesslich völlig, der Ring ist also jetzt zu einer durch-
gehenden Scheidewand in der eingeschnürten Aequatorialebene geworden
(Fig. 1h). Indem die Einschnürung tiefer und tiefer greift, verkleinert
sich die aus dem Ring entstandene, stark tingirbare Scheidewand mehr
und mehr; sie muss durch mittlere Spaltung in die neuen polaren Partien
der Membranen beider Tochterindividuen übergehen. Mit der Trennung

der letzteren schwindet jedenfalls der letzte Rest der dunklen Scheidewand, da man an den isolirten Exemplaren nie die Spur einer polaren, dunkler gefärbten Stelle der Membran sieht. Mittlerweile wurde der Centralkörper völlig getheilt. — Hinsichtlich des wichtigen Verhaltens dieses Centralkörpers bei der Theilung sind meine Beobachtungen noch nicht ganz abgerundet. Ich fand nicht wenige in Theilung befindliche Exemplare, deren Centralkörper deutlich längsfaserig structurirt war; dagegen konnte ich mich bei anderen ebenso sicher überzeugen, dass die gewöhnliche Wabenstructur nicht verändert war.

Erst sehr spät, kurz vor der definitiven Durchschnürung beider Tochterindividuen, tritt an dem ursprünglich geissellosen Pol eine neue Geissel auf. In den wenigen derartigen Zuständen, welche ich bis jetzt beobachten konnte, war die neue Geissel bedeutend kürzer wie die alte. Es steht demnach fest, dass bei dem einen Tochterindividuum eine Umlagerung der Pole eintritt, ähnlich wie es auch bei gewissen Flagellaten beobachtet wurde.

Wenden wir uns nach dieser etwas eingehenderen Schilderung des Chromatium Okenii zum Ophidomonas jenensis. Zunächst kann betont werden, dass die Bauverhältnisse dieser Form in allen wesentlichen Punkten jenen des Chromatium entsprechen. Die schraubige Gestalt (Fig. 2a) und grössere Dünne des Körpers erschweren jedoch die Untersuchung nicht unerheblich; auch tritt meist der Färbungsunterschied zwischen Centralkörper und Rindenschicht an Haematoxylinpräparaten nicht so prägnant hervor, ist jedoch gleichfalls vorhanden. Ophidomonas besitzt an dem einen Pol des schraubigen Körpers 3 gleichlange Geisseln. Es findet sich wie bei Chromatium eine Membran, aus welcher sich der Inhalt hervorpressen lässt. Die lebende Ophidomonas ist schwach sepiabräunlich gefärbt, dichte Anhäufungen derselben erscheinen etwa blass rothbraun. Bei Alkoholbehandlung wird auch Oph. zuerst grün, später farblos. Obgleich nicht mit Bestimmtheit festgestellt wurde, dass ihr Farbstoff ebenfalls nur der Rindenschicht angehört, darf dies doch wohl sicher angenommen werden; denn auf den in verschiedener Weise hergestellten Präparaten tritt auch bei Ophidomonas eine radiär wabige Rindenschicht deutlich hervor, welche sich schwächer tingirt wie der Centralkörper (Fig. 2a — b). Letzterer durchzieht hier, der Gestalt des Körpers entsprechend, als ein langer Strang das ganze Innere. Natürlich ist es bei dieser Form viel schwieriger, das Verhalten der Schwefelkörner zu den beiden Körperpartien festzustellen; da man jedoch den Centralstrang auf den mit Alkohol behandelten Präparaten gewöhnlich von mehr oder weniger zahlreichen, grossen vacuolenartigen Hohlräumen durchsetzt findet, welche zweifellos durch Auflösung der häufig sehr grossen Schwefelkörner entstanden, so dürfte auch bei Ophidomonas die Einlagerung der Schwefelkörner in den Centralstrang sicher sein. Häufig ist der Centralstrang streckenweise von dicht aneinandergereihten solchen ansehnlichen Vacuolen durchsetzt, welche in einfacher Reihe auf einander folgen, was jedenfalls auf sehr reichlicher Schwefelerfüllung beruht. Die zwischen solchen Schwefelhöhlen gelegenen Partien des Strangs sind feinwabig wie bei Chromatium und erscheinen natürlich dunkler. Wenn der Centralstrang, wie es nicht selten erscheint, von ansehnlichen Schwefelhöhlen durchsetzt und gleichzeitig seine zwischenliegenden Abschnitte intensiver gefärbt und in der Structur undeutlich sind, so entsteht leicht der Anschein, als wenn überhaupt kein zusammenhängender Strang, sondern eine Anzahl getrennter, kernartiger Gebilde in der Axe hinzögen. Vielfaches genaues Studium des schwierigen Objects führte mich jedoch immer wieder zur ersterwähnten Auffassung zurück.

Die rothen Körner finden sich bei Ophidomonas in derselben Regelmässigkeit wie bei Chromatium, im Ganzen jedoch weniger zahlreich, dagegen nicht selten recht gross. Häufig enthält das geisseltragende Ende des Körpers ein dichtes Häufchen solcher Körnchen, zuweilen auch das andere Ende ein ähnliches. Dass die rothen Körnchen auch hier in der Regel der Oberfläche des Centralstranges angehören, lässt sich gut nachweisen: ob sie wie bei Chromatium gelegentlich auch in der Rindenschicht vorkommen, gelang nicht zu ermitteln.

Die Quertheilung von Ophidomonas verfolgte ich bis jetzt nicht genauer.

Nachdem meine Studien über diese beiden Formen zu den geschilderten, in vieler Hinsicht interessanten Ergebnissen geführt hatten, schien es von Wichtigkeit, die Untersuchung auch auf die zweifellos mit den Bacteriaceen nahe verwandten Schizophyceen (oder Cyanophyceen) auszudehnen. Wenn sich hier ähnliche Verhältnisse fanden, wie schon das von Ernst erwiesene Vorkommen der rothen Körnchen bei den Oscillarien und das von E. Zacharias[1]) schon früher entdeckte Vorhandensein eines ansehnlichen farblosen, kernartigen Centralkörpers vermuthen liess, so schien es möglich, die Erfahrungen an jenen beiden Bacterien durch das Studium der Cyanophyceen zu festigen und eventuell noch weiter zu klären.

Ich untersuchte daher Anfang August d. Jhrs einige gelegentlich gefundene Oscillarien und konnte mich sofort überzeugen, dass sie, abgesehen von den fehlenden Schwefelkörnern, im Wesentlichen dieselben Bauverhältnisse besitzen wie die Chromatien. Später, seit Ende September, dehnte ich die Untersuchungen noch auf andere Arten dieser Gruppe aus und konnte die ersten Ergebnisse überall bestätigen. Die Oscillarien liefern daher eine erwünschte Bestätigung der bei den genannten beiden Bacterien erzielten Resultate, bestärken sie jedoch namentlich insofern.

---

¹) Zacharias, E.. Beiträge zur Kenntniss des Zellkerns und der Sexualzellen. Botanische Zeitung. 1887. pag. 301.

als sie sich in der Regel viel leichter färben und der Farbenunterschied zwischen Centralkörper und Rindenschicht meist viel prägnanter hervortritt. Ueber die Membran der Oscillarienzellen habe ich hier nichts Besonderes zu berichten, da ich sie nicht eingehender studirte; sie muss jedoch nach allen Befunden der Membran von Chromatium sicher entsprechen. Die Rindenschicht, welche wir auch bei den Oscillarien allgemein wiederfinden, gleicht jener des Chromatium auch darin, dass sie allein den grünen bis braunen Farbstoff enthält. Der Centralkörper ist auch hier stets farblos und lässt sich desshalb schon im lebenden Zustand meist recht deutlich von der gefärbten Rindenschicht unterscheiden. Bekanntlich wird auch der Oscillarienfarbstoff als ein Gemisch von Chlorophyll mit einem in Wasser leicht löslichen Pigment, dem sog. Phycocyan, betrachtet. In der Rindenschicht finden sich gewöhnlich ungefärbte, häufig ziemlich grosse Körperchen, welche namentlich den Scheidewänden der Zellen beiderseits angelagert sind. Zacharias[1] hält sie für ein Kohlehydrat. Ich habe sie nicht genauer studirt, bemerke jedoch entgegen einer Angabe bei Zacharias, dass ich sie nie mit Haematoxylin färben konnte. Da sie ferner in Damarharz, wohl der identischen Lichtbrechung wegen, meist vollkommen verschwinden, so ist an Haematoxylinpräparaten von ihnen nichts zu erkennen. Dagegen färben sie sich intensiv mit Eosin, lassen sich daher durch Nachfärbung mit letzterem Mittel auch an Haematoxylinpräparaten gut sichtbar machen. Obgleich ich die Auffassung der Körner als Kohlehydrat nicht eigentlich bestreiten kann, scheint mir dieser Schluss noch nicht genügend sicher. — Dagegen muss ich für das häufige Vorkommen eines Kohlehydrates in den Oscillarienzellen eintreten, welches auch schon früher gefunden wurde, des Glycogens nämlich. Die tief mahagoni- bis rothbraune Färbung tritt bei vorsichtiger Jodbehandlung an den durch langen Aufenthalt in Alkohol ganz entfärbten Fäden häufig so schön hervor, dass ich die Anwesenheit dieses Kohlehydrats im Zellinhalt vieler Oscillarienfäden nicht bezweifle.

Wie bei Chromatium Okenii schwankt auch bei einer und derselben Oscillarienart die Grösse des intensiv färbbaren Centralkörpers nicht unbeträchtlich. In der Regel ist er jedoch im Hinblick auf die Gesammtgrösse der Zelle sehr ansehnlich, sodass er den Haupttheil bildet. Die Gestalt des Centralkörpers entspricht im allgemeinen jener der Zelle. Bei breiten Oscillarienfäden, welche sehr schmale, scheibenförmige Zellen besitzen (Fig. 17), ist der Centralkörper auch ein ähnliches scheibenförmiges Gebilde. Das entgegengesetzte Extrem bilden die feinen Oscillarienfäden

---

[1] Zacharias. E., Ueber die Zellen der Cyanophyceen. Berichte der deutsch. botanisch. Gesellsch. 7. Jahrg. 1889. pag. 31—34. Ich erhielt diese Arbeit am 7. December, nachdem mein Vortrag am vorhergehenden Tage stattgefunden hatte.

2

mit Zellen, deren Länge die Breite bedeutend übertrifft (Fig. 14, 15, 16): hier wird der Centralkörper ein langgestrecktes. wurst- bis bandförmiges Gebilde.

In der Regel ist die gefärbte Rindenschicht so schmal, dass sie wie bei Chromatium nur aus einer einschichtigen Lage von Plasmawaben besteht, welche natürlich senkrecht zu den Scheidewänden und der freien Oberfläche gerichtet sind (Fig. 12a—b, 14, 17). Besonders schön sieht man dies meist, wenn man Gelegenheit hat, flach scheibenförmige Oscillarienzellen, welche sich aus dem Fadenverband gelöst haben, von der Fläche zu sehen (Fig. 12b). — Eine einzige Lage Plasmawaben findet sich stets zwischen Centralkörper und den benachbarten Scheidewänden, häufig, wie gesagt, auch nach der freien Oberfläche zu; doch erreicht das Plasma hier nicht selten auch doppelte Wabendicke. Gelegentlich kommen jedoch auch Zellen mit relativ kleinen Centralkörpern vor, deren Rindenschicht 3 Plasmawaben dick wird.

Wie bemerkt, konnte ich fast in allen Fällen den wabigen Bau der Rindenschicht sicher nachweisen, namentlich an Alkoholmaterial, welches nachträglich mit Osmiumsäure gebräunt und dann in Damar aufgestellt war, doch auch an Chromosmiumessigsäurepräparaten, häufig auch an gefärbtem Alkoholmaterial (Haematoxylin und Nachfärbung mit Eosin). Auch nach Tödtung in Osmiumdämpfen und Behandlung mit 5% Soda-lösung wird die Structur sichtbar, besser jedoch noch durch Einlegen der frischen Fäden in $\frac{1}{2}$ verdünnte Schwefelsäure. Bei flach scheibenförmigen Zellen (s. Fig. 17, links) beträgt die ganze Dicke der in Theilung be-griffenen Zellen nicht mehr als 4 Plasmawaben, wie eine genaue Unter-suchung der Zellenoberfläche lehrt. Das oberflächliche Wabennetz der Rindenschicht erscheint hier sehr deutlich und regelmässig angeordnet; in der mittleren Wand zwischen den beiderseitigen Wabenschichten voll-zieht sich schon die Bildung der neuen Scheidewand.

Der Centralkörper färbt sich, wie gesagt, mit Haematoxylin und sonstigen Kernfärbungsmitteln recht intensiv, viel stärker, wie die um-gebende Rindenschicht. Durch die Befunde bei Chromatium aufmerksam gemacht, gelang es auch, den Centralkörper mit dem eigenen Farb-stoff der Oscillarien zu tingiren, d. h. mit dem Phycocyan. Bringt man Fäden der Oscillarien (Fig. 17) in $\frac{1}{2}$ verdünnte Schwefelsäure, so färbt sich der Centralkörper rasch schwach violett, während das deutliche Wabengerüst der Rindenschicht braun wird. Da die Farbe des letzteren dabei sicherlich dem Gerüst, nicht dem Enchylema eigen ist, so möchte ich auch für die Oscillarien vermuthen, dass der Farbstoff in dem Plasma-gerüst der Rindenschicht, nicht aber im Enchylema seinen Sitz hat.

Schon am lebenden Centralkörper, besser jedoch dem verschiedentlich präparirten, lässt sich ein deutlicher Wabenbau erkennen, welcher im Wesentlichen mit dem bei Chromatium gefundenen übereinstimmt. Die

Figuren 12—15 geben hierüber näheren Aufschluss. Wird die Dicke des Centralkörpers bei flachscheibenförmigen Zellen sehr gering, so kann er schliesslich nur noch aus einer einzigen Wabenlage bestehen, wie der optische Durchschnitt eines solchen Körpers auf Fig. 12a und 13a zeigt. In dünnen, langzelligen Fäden endlich (Fig. 14) setzt sich der Centralkörper schliesslich nur noch aus einigen, in einfacher Reihe hintereinandergereihten Waben zusammen, jedenfalls der einfachste mögliche Bau.

Die charakteristischen rothen Körnchen fehlen den Centralkörpern wohl niemals, wenn sie auch zuweilen bei der Haematoxylinfärbung nicht deutlich differenzirt werden; wofür wir ja auch bei Chromatium Belege fanden. Es sind dies die Körner, welche Schmitz[1]), Strasburger[2]) und Ernst (l. s. c.) färbten und auch gelegentlich als Kerne betrachteten. Ihre Lage im Centralkörper ist die gleiche wie bei Chromatium. Besteht letzterer nur aus einer einfachen Wabenschicht oder -Reihe, so liegen sie stets in der Oberfläche und zwar, soweit sichtlich, meist in Knotenpunkten des Gerüstes; häufig springen sie sehr merkbar in die Rindenschicht vor. Nur in seltenen Ausnahmefällen fand ich sie bis jetzt bei Oscillarien auch in der Rindenschicht, doch habe ich dafür ganz zweifellose Belege gefunden; es waren aber stets nur wenige kleinste Körnchen in der Rindenschicht zerstreut. Bei dieser Gelegenheit mache ich nochmals darauf aufmerksam, dass sich die oben erwähnten farblosen Körner der Rindenschicht mit Haematoxylin nicht tingiren, also nicht mit den rothen Körnchen verwechselt werden können.

Zum Beweis dafür, dass die rothen Körner auch bei Cyanophyceen häufiger in die grüne Rindenschicht eindringen, führe ich hier eine Nostocacee an, welche ich mehrfach beobachtete und für ein Aphanizomenon halte (Fig. 18). Ihr Centralkörper erscheint wie der langzelliger Oscillarien. Grössere rothe Körner liegen gewöhnlich an seinen beiden Enden wie bei gewissen Oscillarien (Fig. 16). Häufig sieht man jedoch sowohl an den Enden als in der äquatorialen Ebene der Zellen (der späteren Theilungsebene) rothe Körnchen, welche sicher in der Rindenschicht liegen.

Ueber die Theilung der Oscillarienzellen hier nur einige Bemerkungen. Aehnlich wie bei Chromatium beginnt sie mit der Bildung eines neuen Membranrings in der Aequatorialebene der Zelle. Zuweilen, aber durchaus nicht immer, bemerkte ich auch, dass diese Anlage der neuen Scheidewand von Haematoxylin besonders stark tingirt wird. Allmählich wächst diese neue Scheidewand sammt der Rindenschicht ins Innere und schnürt den Centralkörper schliesslich gänzlich durch (Fig. 13a, b, 17). Letzterer

[1]) Schmitz, Fr., Untersuchungen über die Structur des Protoplasmas und der Zellkerne der Pflanzenzellen. Sitz.-Ber. der niederrheinisch. Ges. f. Natur- u. Heilk. zu Bonn. 1880.
[2]) Strasburger, E., Das botanische Practicum. 1884. pag. 351.

nimmt dabei eine hantelförmige Gestalt an. In dem Verbindungsstrang
der beiden neuen Centralkörper glaube ich mehrfach eine faserige Structur
gesehen zu haben (Fig. 13a), doch muss das feinere Verhalten des Centralkörpers bei der Theilung noch eingehender verfolgt werden. — Bei kleinen
Nostocaceen des süssen Wassers, deren Zellen sich bei der Theilung
nahezu völlig durchschnüren, ist die Uebereinstimmung mit der Theilung
des Chromatium eine ganz auffallende, auch tritt hier die intensive
Färbbarkeit der neuen ringförmigen Scheidewand genau wie bei Chromatium auf.

Interessant ist die grosse Intensität der Theilung der Oscillarienzellen; häufig trifft man Fäden, deren Zellen nahezu sämmtlich in Theilung
begriffen sind. Auch konnte ich mich bei flachzelligen Formen (Fig. 17)
sicher überzeugen, dass die Theilung beider Tochterzellen häufig schon
beginnt, bevor ihr Theilungsprocess vollendet ist. Man sieht dann gleichzeitig 3 neue Scheidewände in die Zellen hineinwachsen, eine mittlere,
welche tiefer hineinragt und die Zelle halbirt, und zwei erst neu angelegte,
welche jede der Tochterzellen halbiren werden (Fig. 17, rechts).

Nachdem ich mich so von der wesentlichen Uebereinstimmung der
Bauverhältnisse jener beiden Bacteriaceen mit den Cyanophyceen überzeugt
und gleichzeitig die an den ersten erhaltenen Befunde auf diese Weise
erheblich befestigt hatte, suchte ich zu ermitteln, ob auch die typischen
kleinen farblosen Bacterien einen ähnlichen Bau erkennen lassen.

In dem Wasser mit Chromatium und Ophidomonas fand sich häufig
eine farblose, schwefelfreie Bacterienform, deren Grössen- und Bauverhältnisse mit der von Cohn (l. s. c.) Bacterium lineola genannten
Art übereinstimmen. Gelegentlich entwickelte sie sich in so grossen
Mengen, dass zahlreiche Präparate in verschiedener Weise hergestellt
werden konnten. Dieses Bacterium bietet im äusseren und inneren Bau
ein verkleinertes Abbild des Chromatium Okenii (Fig. 3). Im allgemeinen ist es selten beweglich, zeigt daher auch nicht häufig die einfache, mässig lange Geissel an dem einen Pol. Eine Membran ist gut
nachweisbar. Sie färbt sich mit Haematoxylin etc. relativ stark, ähnlich
wie bei Chromatium. Bei Tödtung in verdünntem Alkohol platzen diese
Bacterien häufig, ähnlich Chromatium, an irgend einer Stelle auf und
der Inhalt dringt theilweise heraus, zum klarsten Beweis, dass die Verhältnisse ganz ebenso liegen wie bei Chromatium.

Frisch betrachtet oder nach Tödtung durch Osmiumsäuredämpfe,
resp. Chromosmiumessigsäure, lassen sich ein ansehnlicher Centralkörper
und eine, natürlich farblose Rindenschicht schon deutlich unterscheiden,
was auch Cohn auf seinen Figuren klar angegeben hat. Der Centralkörper zeigt schon frisch häufig eine deutlich netzig-wabige Structur
und mehr oder weniger zahlreiche körnige Gebilde. Mit Haematoxylin
gefärbtes Alkoholmaterial oder auch durch andere Präparationsmethoden

21

gewonnenes Material beweisen, dass sich der Centralkörper auch hier viel stärker färbt, sowie ferner, dass seine Granulationen die rothen Körnchen sind. Weiterhin erkennt man auf diesen Präparaten, dass Rindenschicht und Centralkörper die gleiche Structur besitzen wie bei Chromatium. Erstere besteht immer aus einer einfachen Lage radiär zur Oberfläche gestellter Plasmawaben, erscheint desshalb im optischen Durchschnitt wie eine radiär gestreifte Hautschicht. Der Centralkörper besteht in den meisten Fällen, wenigstens bei den etwas kleineren Exemplaren, welche während der späteren Untersuchungsperiode hauptsächlich zur Beobachtung kamen, aus einer einfachen Wabenreihe (Fig. 3a), ganz ebenso wie bei den feinfädigen Oscillarien (Fig. 14). Doch konnte ich mich mehrfach klar überzeugen, dass der Centralkörper auch stellenweise oder in seiner ganzen Ausdehnung 2—3 Waben dick werden kann und dann eine netzige Wabenstructur zeigt.

Wie gesagt, finden wir also bei Bact. lineola den Bau des Chromatium vereinfacht wieder. Auch der Variabilität der rothen Körnchen in Zahl und Grösse begegnen wir in gleicher Weise. Trockenpräparate, nach der gewöhnlichen Bacterienmethode hergestellt und mit Haematoxylin, Gentianaviolett oder alkalischem Methylenblau (nach Koch) gefärbt, zeigen fast Alles ebenso schön, wie nicht getrocknete Präparate. Gegen mein Erwarten sind die feinen Structuren an den Trockenpräparaten meist recht gut erhalten, woraus wir den wichtigen Schluss ziehen dürfen, dass auch Trockenpräparate bei den kleinen Bacteriaceen wichtige Aufschlüsse über die Structuren geben. Andererseits scheint aber die Thatsache, dass einfaches Eintrocknen ganz dieselben Structuren zur Anschauung bringt, wie die anderen Methoden, die Ueberzeugung wesentlich zu befestigen, dass jene Structuren nicht künstlich in die Objecte hineingetragen sind. Es muss dies um so mehr betont werden, als sich natürlich schon Stimmen regen, welche den Wabenbau der lebenden Substanz für ein Kunstproduct erklären. Natürlich wird dabei nicht berücksichtigt, dass man auch an geeigneten lebenden Objecten den Wabenbau genügend deutlich beobachten kann.

Dieselben Bauverhältnisse wie Bacterium lineola besitzt eine etwas kleinere (in Theilungszuständen 0,004 Mm. Länge erreichende) Form, welche ich in einer Heuinfusion fand. Ihre recht dicke Membran färbt sich sehr stark. Der relativ schmale Centralkörper enthält einige wenige rothe Körnchen.

In Bau und Grösse entspricht dem Bacterium lineola ferner eine kleine rothgefärbte Schwefelbacterie fast völlig, die sog. Monas vinosa Ehb. (Chromatium vinosum), abgesehen natürlich von der rothen Färbung der Rindenschicht und den Schwefelkörnern des Centralkörpers. Ich konnte diese Form erst vor Kurzem beobachten und einstweilen nur flüchtig studiren.

Alle übrigen Bacterien. welche ich zu untersuchen Gelegenheit fand, ausgenommen nur die seltsame Spirochaeta serpens Ehrb. (plicatilis Cohn). unterscheiden sich von den seither geschilderten dadurch, dass eine Rindenschicht entweder nur noch an den beiden Enden des gestreckten Körpers nachweisbar ist oder überhaupt nicht mehr deutlich unterschieden werden kann. Ihr Organismus reducirt sich also im Wesentlichen auf den Centralkörper und die wohl überall vorhandene Membran.

Ich gedenke zunächst einer Art, welche häufig mit Bact. lineola vorkam, indem sie noch die ansehnlichste Entwicklung einer Rindenschicht besitzt. Ihre Form ist in der Regel spindelförmig, beiderseits etwas zugespitzt (Fig. 4b, c) und häufig in der Mitte etwas eingeschnürt, was jedoch schon von beginnender Theilung herrührt. An den gefärbten Präparaten (trocken oder feucht. Haematoxylin, Gentianaviolett) tritt der Centralkörper deutlich hervor, meist aus einer Reihe von Waben gebildet. In die spindeligen Enden ragt er nicht hinein; dass diese aus einer der Rindenschicht entsprechenden, schwächer färbbaren Masse bestehen, geht deutlich daraus hervor, dass sie zuweilen eine blasse Wabenstructur ziemlich gut zeigen. Auch lässt sich häufig noch ein dünner Saum der Rindenschicht über die Seiten des Centralkörpers hin verfolgen. Bei der Theilung zerfällt zuerst der Centralkörper in zwei Theile, welche etwas auseinanderrücken, worauf zwischen ihnen eine der Rindenschicht entsprechende Substanz auftritt. innerhalb welcher sich dann die Durchschnürung vollzieht.

Entsprechende Bauverhältnisse, nur mit noch stärkerem Zurücktreten der an den Polen allein sicher nachweisbaren Rindenschicht, zeigt auch ein langstabförmiges Bacterium vom gleichen Fundort (Fig. 5). Jedenfalls ist aber der gleiche Bau unter den stabförmigen wie gekrümmten und schraubigen Bacteriaceen noch weit verbreitet. Als Beispiel bilde ich hier auf Fig. 8 ein kleines stabförmiges Bacterium aus Sumpfwasser ab. Der in Haematoxylin intensiv gefärbte Centralkörper ist deutlich von den beiden hellen Endpartien der Rindenschicht zu unterscheiden. Der Mangel einer kenntlichen Structur des Centralkörpers dürfte in diesem Fall weniger auf ihrer etwaigen Kleinheit, als darauf beruhen, dass der Centralkörper zu stark gefärbt ist, was die Deutlichkeit der Structuren beeinträchtigt.

Eine gute Erläuterung und Bestätigung der geschilderten Verhältnisse liefert auch die Untersuchung einer schraubigen Form desselben Fundorts, welche mit Bestimmtheit als Spirillum undula Ehb. bezeichnet werden darf; wenigstens ist sie zweifellos identisch mit der Art. welche in neuerer Zeit als jene Ehrenberg'sche gedeutet wird[1].

---

[1] Vergl. z. B. Flügge. C.. Die Mikroorganismen. 1886. pag. 391.

Wie schon früher bekannt war, besitzt Spir. undula an jedem Körperende eine Geissel von ansehnlicher Länge. Obgleich ich mit Sicherheit stets nur eine Geissel jederseits unterscheiden konnte, möchte ich doch die Möglichkeit vorerst nicht ganz leugnen, dass beiderseits mehrere vorhanden sind; wenigstens fällt sehr auf, dass die Geissel sich basalwärts stark verdickt, während Geisselfäden gewöhnlich in ganzer Länge gleich dick sind. Ich erachte es desshalb für nicht ganz ausgeschlossen, dass die scheinbar einfache Geissel eine Verklebung mehrerer darstellt, denn auch die 3 Geisseln von Ophidomonas verkleben häufig in den Präparaten miteinander. Stets fand ich jederseits eine Geissel; dennoch dürfte sicher sein, dass Sp. undula anfänglich mit nur einer Geissel aus der Theilung hervorgeht; die des anderen Endes muss daher sehr bald entstehen. Es wäre möglich, dass das Vorkommen von Geisseln an beiden Enden hier und vielleicht auch anderwärts auf sehr frühzeitigem Eintritt der Theilungserscheinungen beruht. — Lebende oder durch Osmiumsäuredämpfe getödtete Sp. undula zeigen jederseits sehr deutlich ein helles durchsichtiges Endstück und einen dunklen Centralkörper. In letzterem bemerkt man auch jetzt schon gewöhnlich einige wenige, scharf markirte, jedoch nur mässig stark lichtbrechende Körnchen, d. h. die rothen Körnchen.

Feucht hergestellte oder angetrocknete, gefärbte Präparate zeigen die intensivere Färbung des Centralkörpers recht klar, ebenso seine Structur, welche in der Regel in einer einfachen Reihe ziemlich grober, hintereinander gereihter Waben besteht (Fig. 6 a — b); doch finden sich zuweilen auch Exemplare mit zwei Wabenreihen in der ganzen oder einem Theil der Länge des Centralkörpers. — Wie schon hervorgehoben wurde, bemerkt man meist nur wenige, häufig jedoch relativ ansehnliche rothe Körnchen, welche stets der Oberfläche des Centralkörpers angehören.

Auch bei Sp. undula lässt sich eine Membran sicher nachweisen, da bei der Tödtung in schwachem Alkohol häufig aufgeplatzte Exemplare mit theilweis ausgetretenem Inhalt vorkommen. An feucht hergestellten, gefärbten Präparaten sieht man nicht selten an den beiden Polen, unter der scharf hervortretenden Membran, einen von letzterer mehr oder weniger zurückgezogenen zweiten Saum (Fig. 6 b), welchen ich als die Oberfläche der aus den Enden etwas zurückgezogenen Rindenschicht deute und darin den klaren Beweis erblicke, dass die hellen Enden thatsächlich von einer der Rindenschicht entsprechenden Substanz erfüllt werden. Einmal konnte ich auch einige wenige zarte Waben in einer abnorm langen solchen hellen Endpartie beobachten. Ich nehme daher an, dass die hellen Enden in der Regel nur aus einer einzigen Wabe von Rindensubstanz gebildet werden.

Bei der Vermehrung von Sp. undula lässt sich wie bei den Bacterien der Figg. 4 und 8 erweisen, dass zunächst der Centralkörper, und zwar ziemlich frühzeitig, in zwei neue auseinandergeht (Fig. 6b). Zwischen beiden tritt eine helle Zone auf, welche der Rindenschicht der Enden entspricht. Mitten in dieser vollzieht sich dann die Durchschnürung, so dass jedes Tochterindividuum von Anfang an zwei helle Enden besitzt. Ich verweise endlich auf das halbkreisförmig gekrümmte, mit einer äusserst langen Geissel am einen Ende versehene Bacterium Fig. 7. Es besitzt nur an dem Geisselpol noch die helle Rindenschicht. Die Structur des Centralkörpers ist die einfachste, mit einigen wenigen, relativ ansehnlichen rothen Körnchen.

Zum Schluss der Besprechung meiner Erfahrungen an den eigentlichen Bacteriaceen erwähne ich noch jene in gemeinsamer Scheide eingeschlossenen Zellfäden der Cladothrix. Die längeren oder kürzeren Zellen von Cladothrix zeigen nach Präparation mit Alkohol, Färbung mit Haematoxylin und Aufhellung in Damar einen Bau und ein Verhalten, wie sie den Centralkörpern, der seither besprochenen Bacteriaceen durchaus eigen sind (Fig. 11). Sie bestehen je nach der Dicke der Fäden aus einer einzigen bis 2 und 3 Reihen von Waben, welche einen maschigen Körper zusammensetzen [1]. Rothe Körnchen sind an der Oberfläche dieses Gerüstwerks zahlreicher oder spärlicher vertheilt und springen häufig etwas über die Oberfläche vor, ja zuweilen sind einzelne Körnchen geradezu zwischen zwei dicht aneinanderstossende Zellen eingelagert. Mit Sicherheit vermochte ich an den Cladothrixzellen bis jetzt nichts aufzufinden, was als Analogon einer Rindenschicht gedeutet werden könnte. Dennoch schien es mir gelegentlich, dass die Pole schwächer gefärbt seien; doch bedarf dies erneuter Prüfung.

Endlich fand ich auch sehr kleine Bacterien (Fig. 9), welche in ihrem Bau ein treues Abbild der Cladothrixzellen geben; doch bestehen sie immer nur aus einer einzigen Wabenreihe. Bei den kleinsten sinkt die Zahl der Waben bis auf 2 herab. Von einer Rindenschicht war bei ihnen ebenfalls nichts mehr zu bemerken. Diese Bacterien fanden sich entweder zu Zoogloen vereinigt oder bildeten Fadenzüge, in welchen die Einzelzellen in gewissem Abstand von einander ohne erkennbare Verbindung aufgereiht waren.

Ich schalte hier einige Worte über eine sehr seltsame Bacterienform ein, bei welcher, im Gegensatz zu den letzterwähnten, Centralkörper und Rindenschicht deutlich zu unterscheiden sind. Es ist dies die sog. Spirochaeta serpens Ehbg. (= plicatilis Cohn), deren feine lange Fäden, welche dichter oder weniger dicht schraubenförmig gewunden sind, durch ihre seltsamen und mannichfaltigen Bewegungen ungemein auffallen. Die Präparation und Färbung mit Haematoxylin ergibt, dass ein lang

---

[1] Diese Wabenstructur der Cladothrixzellen hat Herr Stud. Förster an von ihm gefertigten Präparaten zuerst ganz richtig erkannt.

fadenförmiger Centralkörper die ganze Spirochaeta durchzieht, ähnlich wie der Stielmuskel einer Vorticelle die Stielscheide (Fig. 10). Feine rothe Körnchen sieht man dem Centralkörper hie und da anliegen. Eine Structur vermochte ich an letzterem nicht zu erkennen, dagegen glaubte ich mehrfach eine einfache Wabenstructur an der Rindenschicht feststellen zu können.

Da meine Untersuchungen von Schwefelbacterien ausgegangen waren, erschien es geboten, auch die ansehnlichen fädigen Schwefelbacterien, welche den Oscillarien so sehr gleichen, die Beggiatoën nämlich, auf ihre Bauverhältnisse zu prüfen. Ich studirte namentlich Beggiatoa alba und eine feinfädigere Form (entsprech. B. media Winogradsky).

Die Beggiatoën sind bekanntlich farblose, fädige, vielzellige Schwefelbacterien, welche im allgemeinen morphologischen Aufbau und der freien Beweglichkeit auffallend an Oscillarien erinnern. Leider gelangte ich vorerst noch nicht zu vollkommener Sicherheit über den Bau dieser interessanten und für unsere Fragen wichtigen Organismen, obgleich sich bestimmt nachweisen liess, dass der Gegensatz zwischen Rindenschicht und Centralkörper auch bei ihnen vorhanden ist. Die verhältnissmässig grössere Schwierigkeit, welche diese Formen bieten, scheint daher zu rühren, dass der Centralkörper nicht nur in der Grösse ziemlich schwanken kann, sondern auch häufig recht unregelmässig gestaltet ist, was es vielfach sehr erschwert, seine Grenze gegen die Rindenschicht scharf zu erkennen. Die mit Alkohol getödteten und ihrer Schwefelkörner beraubten Beggiatoën färben sich in Haematoxylin recht intensiv; in der Regel viel stärker wie die Oscillarien. Sowohl von B. media wie gelegentlich auch von B. alba erhielt ich auf solchem Wege Präparate, die einen äusserst intensiv gefärbten und daher auf das schärfste umgrenzten Centralkörper in jeder Zelle von der Rindenschicht unterscheiden liessen (Fig. 19). Fig. 19 zeigt drei Zellen eines derartig präparirten Fadens von B. media ohne die geringste Uebertreibung. Der Centralkörper ist, wie gesagt, ziemlich unregelmässig gestaltet, was ich wenigstens theilweise auf die Einlagerung der häufig recht grossen Schwefelkörner zurückführen möchte. Sein Gefüge ist mehr oder weniger deutlich wabig; besonders klar erscheint jedoch der Wabenbau der Rindenschicht, welcher, ihrer Dünne entsprechend, in der Regel nur die Dicke einer Wabe besitzt.

Wie bemerkt, fand ich auch bei Beggiatoa alba zuweilen ganz entsprechend gebaute Zellen, an welchen sich die Rindenschicht allseitig um den ansehnlichen, intensiv gefärbten Centralkörper als einfache Wabenschicht deutlich verfolgen liess. Selten zeigt dieser Centralkörper der B. alba einen gleichmässig wabigen Bau, in der Regel ist vielmehr sein ganzes Innere von einer sehr ansehnlichen Vacuole erfüllt, welche auch an den lebenden Zellen klar zu erkennen ist (Fig. 20). Buchtig und z. Th. auch lappig vorspringende hohle Partien der Wand dieses hohlen

Centralkörpers fasse ich als die Höhlen der aufgelösten Schwefelkörner auf, welche natürlich unter solchen Umständen sämmtlich peripher liegen. Andererseits begegnete ich auch häufig Fäden der Beggiatoa alba, an welchen eine Rindenschicht zwischen den Centralkörpern und den Scheidewänden der Zellen nicht sicher nachzuweisen war, wo vielmehr die intensiver gefärbten Centralkörper bis zu den Scheidewänden der Zellen zu reichen schienen (Fig. 20). Ob in solchen Fällen Theilungsprocesse im Spiel sind, vermag ich nicht mit Bestimmtheit zu sagen, wie denn die Beggiatoën überhaupt noch eingehender untersucht werden müssen.

Mit Sicherheit kann ich jedoch mittheilen, dass den Centralkörpern der B. alba die rothen Körnchen nicht fehlen; sie sind jedoch stets relativ klein (Fig. 20).

Endlich untersuchte ich auch noch die gigantische B. mirabilis Engl. aus dem Kieler Hafen, für deren gütige Besorgung ich Herrn Collegen Reinke in Kiel zu Dank verpflichtet bin. Wenn ich glaubte, dass ihre Grösse die Untersuchung erleichtern werde, so habe ich mich getäuscht; dieser Umstand wirkt vielmehr erschwerend. Da ferner meine Studien an dieser Art noch nicht genügend abgeschlossen sind, so begnüge ich mich einstweilen mit der Bemerkung, dass sie nach meiner Ueberzeugung im Princip denselben Bau wie B. alba besitzt. Ein kolossaler Centralkörper bildet die Hauptmasse der Zelle und enthält eine sehr grosse Vacuole, in deren Innern man an lebenden Zellen kleine blasse Körperchen in Molekularbewegung bemerkt. In der relativ dünnen Wand des Centralkörpers liegen die Schwefelkörner. Zwischen der Oberfläche des Centralkörpers und der Membran findet sich eine dünne einfache Lage von Plasmawaben der Rindenschicht. Feine rothe Körnchen lassen sich nach Haematoxylinfärbung im Centralkörper nachweisen.

Nachdem die erzielten Beobachtungsresultate in den Grundzügen geschildert wurden, handelt es sich noch um ihre Beurtheilung und Deutung. Absichtlich wurde im Vorhergehenden vermieden, über die Auffassung der beiden, den Körper fraglicher Organismen zusammensetzenden Theile, der sog. Rindenschicht und des Centralkörpers, eine bestimmte Ansicht auszusprechen.

Jeder Histologe, welcher ein gut gefärbtes Oscillarienpräparat betrachtet, wird zweifellos sofort die Ansicht aussprechen, dass der intensiv gefärbte Centralkörper der Kern, die Rindenschicht hingegen das Plasma der Oscillarienzelle sei. Da nun kein Zweifel darüber bestehen kann, dass die Centralkörper der geschilderten Bacterien jenen der Oscillarien und sonstigen Cyanophyceen völlig homolog sind, so wäre die bestimmte Entscheidung der Frage bei den Oscillarien auch für die Bacteriaceen durchaus maassgebend.

Eine Discussion der Frage für die Oscillarien ist jedoch um so mehr geboten, als hier das Vorkommen eines Kerns schon mehrfach erörtert und gerade eben von E. Zacharias[1] in einer vorläufigen Mittheilung eingehender behandelt wurde. Zacharias hat den Centralkörper der Oscillarien schon 1887 richtig erkannt und nahm damals keinen Anstand, ihn als Zellkern zu deuten. Erneute und ausgedehntere Studien dagegen liessen ihm diese Deutung wieder zweifelhaft erscheinen; ja er neigt nun jedenfalls mehr zur Ansicht, der Centralkörper sei kein eigentlicher Zellkern, ohne sich jedoch bestimmt darüber auszusprechen, als was er denn eigentlich anzusehen sei. Er bemerkt: „Jedenfalls unterscheidet sich der centrale Theil der Cyanophyceenzellen in seinem ganzen Verhalten erheblich von den Zellkernen anderer Organismen. In wie weit ihm etwa Zellkernfunctionen zukommen, ist bei unserer geringen Kenntniss dieser Functionen nicht zu sagen." Meine von den neueren Untersuchungen Zacharias' ganz unabhängig angestellten Beobachtungen machen es mir dagegen, wie ich gleich bemerken will, durchaus wahrscheinlich, dass der Centralkörper dem Zellkern entspricht und daher die frühere Ansicht von Zacharias grössere Berechtigung besass, wie seine jetzige.

Die Gründe, welche Zacharias bewogen, seinen ehemaligen Standpunkt aufzugeben, sind folgende. Einmal gelang es ihm nicht stets, in den Centralkörpern der Oscillarien Nucleïn mikrochemisch nachzuweisen; ja in gewissen Fällen, respect. bei gewissen Culturmethoden soll dieser Stoff aus den Centralkörpern gänzlich schwinden. Andrerseits geschehe die Theilung der Centralkörper stets ohne die für die Kerne characteristischen Erscheinungen, d. h. nicht indirect. Ich glaube aber, dass beide Gründe nicht ausreichen, die Kernnatur der Centralkörper ernstlich zu bezweifeln. Was zuerst den Nucleïngehalt angeht, so will ich absehen von der Schwierigkeit und zweifellosen Unsicherheit der Methoden, welche uns bis jetzt zur mikrochemischen Unterscheidung der Eiweiss- und Nucleïnmodificationen zu Gebote stehen. Zacharias hat seine Resultate vorerst nicht ausführlich dargelegt, so dass nur über die Thatsache des gelegentlichen Nucleïnmangels geurtheilt werden kann.

Zacharias hat nun aber selbst früher gefunden[2]), dass die Kerne der reifen Eizellen zahlreicher Pflanzen und gewisser Thiere (Rana, Unio) keine nachweisbaren Nucleïnmengen enthalten. Zwar möchte er aus diesen negativen Befunden nicht schliessen, dass jenen Kernen das Nucleïn völlig fehle, er glaubt vielmehr annehmen zu dürfen, dass es in zu geringer Menge vorhanden sei, um mikrochemisch erkannt zu werden. Mag dies nun sein, wie es will, so folgt daraus jedenfalls, dass es typische Kerne gibt, in welchen zu gewissen Zeiten Nucleïn nicht nachweisbar ist.

---

[1] l. pag. 17, c.

[2] Zacharias, E., Beiträge zur Kenntniss des Zellkerns und der Sexualzellen. Botanische Zeitung. 1887. pag. 367 ff.

Es scheint mir daher auch nicht zwingend, dass die Centralkörper der Oscillarien desshalb nicht als Kerne betrachtet werden dürften. weil in ihnen zuweilen Nucleïn nicht nachweisbar ist. Wenn Zacharias bemerkt: „Nucleïnfreie in Theilung begriffene Zellkerne wurden niemals beobachtet", so darf dagegen doch wohl vorerst angeführt werden, dass die genaueren mikrochemischen Untersuchungen der Theilungszustände der Zellkerne bis jetzt noch so wenig ausgedehnte sind. z. Th. aber auch so widersprechende, dass daraus schwerlich geschlossen werden darf, dass alle sich theilenden Zellkerne Nucleïn enthalten. Lässt sich in den Centralkörpern aber, wenn auch nicht immer, Nucleïn nachweisen, so scheint mir dies andererseits sehr entschieden für ihre Kernnatur zu sprechen, denn Zacharias bemühte sich selbst nachzuweisen[1]), dass echtes Nucleïn bis jetzt nur in den Kernen aufgefunden worden sei. Jetzt möchte er jedoch wegen der schwankenden Mengen des Nucleïns und seines gelegentlichen Schwindens in den Centralkörpern der Oscillarien bezweifeln, dass diese Substanz „dem Kernnucleïn anderer Organismen an die Seite zu stellen sei". Da sie jedoch offenbar auf Grund derselben Reactionen, welche früher als Erkennungsmittel des Kernnucleïns gedient hatten, ermittelt wurde, so scheint mir entweder ein solcher Schluss ungerechtfertigt, oder damit zugestanden, dass die Beweiskraft dieser Reactionen eine geringe sei.

Was den Umstand betrifft, dass die Kerne der Oscillarien sich ohne die charakteristischen Erscheinungen der Karyokinese vermehren, so halte ich ihn gleichfalls nicht für einen Gegenbeweis ihrer Kernnatur. Wir wissen, dass typische Kerne, wie die Makronuclei der Infusorien, sich ohne die charakteristischen Erscheinungen der Karyokinese auf dem Knäuelstadium theilen. Ein kleiner Schritt weiter führte zu einfacher directer Theilung. wie sie auch in alternden Zellen beobachtet wurde. Vor Kurzem versicherte mich ein trefflicher Beobachter, Herr Dr. Boveri. dass nach seinen Untersuchungen bei Amöba directe Kerntheilung vorkomme, woran zu zweifeln kein Grund vorliegt.

Wie oben geschildert wurde, fanden wir die Centralkörper der Oscillarien und verwandten Organismen in der Regel auch aus zwei differenten Stoffen bestehend, dem in Haematoxylin sich blaufärbenden, wabigen Kerngerüst und den darin eingelagerten rothen Körnchen. Entscheidende Beobachtungen über die chemische Natur der beiden Substanzen vermag ich bis jetzt noch nicht beizubringen, obgleich auch ich hierüber einige Versuche anstellte, welche jedoch vorerst noch als vorläufige zu betrachten sind. Oscillarien, welche nicht gar lange in Alkohol gelegen hatten, zeigten bei 24—40 stündiger Verdauung in künstlichem Magensaft[2]) die Central-

---

[1]) Zacharias. E., Ueber Eiweiss. Nucleïn und Plastin. Botanische Zeitung. 1883. pag. 209.

[2]) Durch Selbstverdauung von Schleimhaut des Schweinemagens bereitet und natürlich stets auf seine Wirksamkeit geprüft. Salzsäuregehalt 0.4 %.

körper sehr schön erhalten, während die Rindenschicht feiner Oscillarienfäden gänzlich zerstört war, so dass die Centralkörper ganz unregelmässig
in den Zellen lagen, ja deutliche Molekularbewegungen ausführten (Fig. 15).
In breiteren Fäden war die Rindenschicht gleichfalls gelegentlich ganz
geschwunden (Fig. 13b), andere Male hingegen noch in Resten erhalten.
Diese Erfahrungen weichen von jenen Zacharias' ab, da nach ihm das
periphere, gefärbte Plasma seiner Hauptmasse nach aus Plastin besteht,
demnach in künstlichem Magensaft unverdaulich sein müsste. Stets
wurde jedoch der Centralkörper durch die Verdauung viel deutlicher; ja
bei gewissen, sehr schmalzelligen Oscillarien konnte ich mich nur mittels
dieser Methode über die Grösse und Gestalt des Kernes genauer unter-
richten. Die Anwendung der Verdauungsmethode empfiehlt sich daher
hier und anderwärts zum Nachweis der Kerne sehr. Immerhin scheint
bei der Verdauung ein ziemlicher Theil des Kerns gelöst zu werden, denn
die Centralkörper erscheinen dann häufig innerlich hohl, während sie sonst
ein gleichmässiges Wabenwerk aufweisen. Auch nach der Verdauung
färben sie sich mit Haematoxylin noch gut und viel intensiver wie die
Reste des Plasmas; dennoch tingiren sie sich nun langsamer und weniger
stark wie im nicht verdauten Zustande.

Niemals gelang es aber, weder bei Oscillarien noch bei Chromatium
und Ophidomonas, nach der Verdauung ein einziges rothes Körnchen
mittelst der Haematoxylinfärbung sichtbar zu machen. Keine Spur derselben war an den so behandelten Präparaten aufzufinden. Dürfen wir
hieraus schliessen, dass die rothen Körnchen wirklich verdaut werden?
So sehr die Versuche hierfür zu sprechen scheinen, halte ich dies einstweilen noch für zweifelhaft und ohne eingehendere Untersuchungen nicht
erwiesen. Ich hob früher hervor, dass das Eintreten der Farbenreaction der rothen Körnchen äusserst leicht gestört werden kann, dass
sie nach Tödtung in Säuren, Sublimat etc. meist nicht mehr gelingt. Es
ist daher wohl möglich, dass die rothen Körnchen durch die Behandlung
mit Magensaft nur die Fähigkeit differenter Färbung verlieren und desshalb nicht mehr deutlich zu erkennen sind. Ernst (l. s. c.) fand bei
einigen Verdauungsversuchen mit Bacterien, dass die Körnchen schon
nach 3 Stunden ihre Tinctionsfähigkeit in Haematoxylin eingebüsst hatten,
jedoch noch deutlich zu bemerken waren. Bei Verdauungsversuchen mit
Trockenpräparaten von Oscillarien fand er die Körnchen in einigen Fäden
noch durch Haematoxylin gefärbt. Ich glaube, dass es sich dabei nur um
Fäden gehandelt hatte, in welchen sich aus unbekannten Gründen der
Process etwas langsamer abspielte.

Wurden die verdauten Oscillarienfäden nachträglich mit 10% Sodalösung digerirt (ca. 24h. bei 38 C.), so konnte ich keinerlei wesentliche
Veränderung an dem Rest des Centralkörpers beobachten; derselbe verhält

sich demnach hinsichtlich dieser beiden Reactionen wie der von Zacharias Plastin genannte Theil der Kerne.

Nicht unwesentlich verschieden gegen künstlichen Magensaft verhielten sich Chromatium und Ophidomonas und zwar gleichgültig ob Alkoholmaterial, oder durch Hitze getödtetes oder lebendes direct in die Verdauungsflüssigkeit gebracht wurde. Stets war die Veränderung, welche durch 24stündige oder noch längere Verdauung erzielt wurde, eine sehr geringe. Die radiär wabige Rindenschicht und die Membran waren gut erhalten, ebenso auch der Centralkörper, dessen Maschengerüst häufig noch sehr schön zu sehen war. Die Differenz in der Färbung mittelst Haematoxylin hatte sich gut erhalten, abgesehen von den nicht mehr hervortretenden rothen Körnchen. — Ebenso wirkte 24stündige Behandlung mit $10^0/_0$ Sodalösung (bei 38 °C.) weder auf lebendes noch auf Alkoholmaterial wesentlich ein; Rindenschicht und Centralkörper waren gut, auch noch in ihren Structuren, erhalten, rothe Körnchen dagegen bei der Färbung nicht mehr sichtbar zu machen. Alkoholmaterial von Ophidomonas und Chromatium erfuhr durch 24stündige Behandlung mit $10^0/_0$ Kochsalzlösung gleichfalls keine wesentliche Aenderung; weder Soda- noch Kochsalzlösung schienen kenntliche Substanzverluste hervorzurufen.

Wie schon bemerkt können diese Versuche nur als vorläufige Orientirung auf einem schwierigen Gebiet betrachtet werden. Es wird viel ausgebreiteterer und mannichfaltigerer Untersuchungen bedürfen, um über die Natur der rothen Körnchen und der sich blau färbenden Kernsubstanz ins Klare zu kommen. Jedenfalls zeigen beide in ihrem Verhalten zu Farbstoffen die grösste Analogie mit Kernsubstanzen. Darum wird es besonders wichtig sein, bei den zweifellosen Kernen verwandter Organismen nachzuforschen, ob dort Aehnliches zu finden ist. Denn so wichtig mir auch die mikrochemischen Untersuchungen der Zellbestandtheile erscheinen, so vermag ich die Bedeutung ihrer Ergebnisse vorerst doch nicht für unbedingt maassgebend zu erachten, da es sich um den mikrochemischen Nachweis von Körpern handelt, deren Eigenschaften selbst etwas Schwankendes haben, die leicht veränderlich scheinen und zu deren Erkennung wir vorerst auf Reactionen von nur geringer Schärfe angewiesen sind.

Sind die rothen Körnchen, welche wir als wichtige, wenn auch vielleicht nicht regelmässige Bestandtheile der Centralkörper oder Kerne der Bacteriaceen und Cyanophyceen fanden, noch weiter verbreitet? Da in den Präparaten der untersuchten Bacteriaceen etc. häufig auch noch anderweitige Protisten auftraten, so war Gelegenheit gegeben, auf diese Frage zu achten.

Es stellte sich denn auch bald heraus, dass die Verbreitung der fraglichen Körnchen eine viel weitere ist. Ich beobachtete sie bis jetzt in Diatomeen, Flagellaten (Euglena, Lepocinclis, Trachelomonas,

Chilomonas, Cryptomonas etc.), in einer Fadenalge (Stigeoclonium oder nahe Verwandte) und in einem feinen Pilzmycel aus Sumpfwasser. Dagegen vermochte ich sie bis jetzt nicht in ciliaten Infusorien und Spirogyren, welche gelegentlich in den Präparaten vorkamen, aufzufinden. Was jedoch recht seltsam erschien und die Deutung des Centralkörpers der Schizophyten als Kern zweifelhaft machen konnte, war, dass die rothen Körnchen bei allen diesen Organismen im Körperplasma zerstreut waren und mit dem Kern nicht in näherer Beziehung zu stehen schienen. In Farbe, Grösse und sonstiger Beschaffenheit stimmen sie mit denen der Schizophyten so vollkommen überein, dass nicht der geringste Zweifel an der Identität aller dieser Gebilde bestehen kann. Die Menge der rothen Körnchen im Plasma der Diatomeen und Flagellaten ist häufig recht gross, häufig auch nur spärlich; gelegentlich finden sich aber auch hier Exemplare, in welchen gar nichts von den fraglichen Körnchen aufzufinden ist, obgleich die sonstige Färbung nichts zu wünschen übrig lässt. Im Kern der Diatomeen und Flagellaten konnte ich anfänglich gar nichts von solchen Körnern auffinden. Weitere Präparate erweckten jedoch den Verdacht, es möge dies nur von zu intensiver Färbung herrühren. Unter diesen Umständen verdeckt nämlich auch bei Chromatium die intensiv blaue Farbe des Kerngerüstes die rothe der Körnchen so sehr, dass sie nicht oder nur schwierig aufzufinden sind. Eine Anzahl Präparate von Euglenen, welche in Alkohol getödtet und hierauf vorsichtig in Haematoxylin gefärbt wurden, bewiesen mir denn auch, dass dieser Verdacht völlig gerechtfertigt war. Der Kern der Euglenen zeigt im Wesentlichen denselben Bau wie der Centralkörper von Chromatium. Er besteht aus einem Wabenwerk (Fig. 21), dessen Waben etwa denselben Durchmesser haben wie bei Chromatium und das sich mit Haematoxylin intensiv blau tingirt. Insofern ist eine Differenz vorhanden, als der Wabenbau gewöhnlich kein gleichmässiger ist, sondern ein mehr oder weniger geknäuelter, was ja auch bei Chromatium gelegentlich vorkommt. Die Euglenenkerne zeigen im Wesentlichen den Bau, welchen ich schon vor Jahren von jenen der Dinoflagellaten eingehend schilderte [1]; nur ist die Knäuelung des Gerüstes weniger ausgesprochen wie bei den letzteren. Sie stimmen ferner darin mit den Dinoflagellaten überein, dass sie stets einen centralen Nucleolus enthalten, dessen blauer Farbenton mit dem des Gerüstes harmonirt; doch ist er gewöhnlich schwächer gefärbt. Obgleich sich nun Euglenenkerne finden, in welchen auch bei mässiger Färbung keine Spur der rothen Körnchen aufzufinden ist, begegnen wir zahlreichen anderen, welche sie sicher erkennen lassen (Fig. 2). Auch hier liegen

---

[1] Bütschli, O., Einige Bemerkungen über gewisse Organisationsverhältnisse der Cilioflagellaten und der Noctiluca. Morphol. Jahrb. Bd. X. 1885. pag. 529—577.

sie in den Knotenpunkten des Wabenwerks und, wie es scheint, hauptsächlich peripherisch. Obgleich diese Beobachtungen über das reichliche Auftreten der rothen Körnchen in den Kernen der Euglenen keine Zweifel mehr lassen, will ich doch noch betonen, dass ich mehrfach Euglenen beobachtete, deren Kern durch irgend welche Umstände stark aufgequollen war und dann auf das Schönste die rothen Körnchen in den Maschenknoten des nur mässig blau getärbten Wabenwerks zeigte. Auch die genauere Durchmusterung der Diatomeenpräparate liess die rothen Körnchen in den Kernen mit Sicherheit erkennen. Zu den Chromatophoren stehen sie in gar keiner Beziehung, wie die Euglenenpräparate sicher beweisen.

Diese Erfahrungen weisen die Zweifel zurück, welche das Vorkommen der rothen Körnchen im Plasma genannter Protisten ursprünglich erwecken konnten. Bei Chromatium wie den Oscillarien fanden wir, dass die Körnchen gelegentlich auch im Plasma (Rindenschicht) vorkommen, jedoch, wie früher bemerkt, im Ganzen spärlich. Demnach kann es uns auch nicht überraschen, dass wir sie bei den genannten Protisten gleichfalls im Plasma antreffen. Immerhin fällt es sehr auf, wie massenhaft sie hier z. Th. durch das ganze Plasma zerstreut sind. Weitere Untersuchungen haben darüber zu entscheiden, ob die Bildungsstätte der Körnchen im Kern ist und ob sie von da in das Plasma übertreten. Es erscheint dies nicht unwahrscheinlich, da sie bei den Oscillarien in der Regel auf den Kern beschränkt sind.

Jedenfalls sind die Ergebnisse, welche wir an den Euglenenkernen erlangten, sehr geeignet, die Deutung des Centralkörpers der Schizophyten als Kern auf das Kräftigste zu unterstützen. Ich zweifle nicht, dass diese Deutung richtig ist; um so weniger, als Zacharias eine andere auch nicht versuchte und schwerlich eine plausible andere Ansicht überhaupt aufgestellt werden kann. Dazu gesellt sich, wie schon früher bemerkt, die Erwägung, dass, wenn dem Kern der Zellen höherer Organismen thatsächlich so bedeutungsvolle, die formativen Vorgänge und einen guten Theil der physiologischen Processe in der Zelle beherrschende Eigenschaften zukommen, es von vornherein wahrscheinlicher sein muss, dass ein so wichtiger Theil keiner Zelle fehlen werde. Uebt der Kern in der Zelle thatsächlich eine solche Herrschaft aus, wie sie die neueren Erfahrungen wahrscheinlich machen, so dürfte eine Vereinfachung des Zellenbaus schwerlich im Verluste oder dem Zurücktreten des Kerns bestehen, sondern wohl in dem des Plasmas. Das Gleiche gilt jedoch auch, wenn wir diese Betrachtung in umgekehrter Weise anstellen. Wenn der Kern eine solche Rolle in der Zelle spielt, dann ist ebenso schwer anzunehmen, dass der Ausgangspunkt der Organismenwelt in kernlosen Moneren bestanden habe, deren Plasma erst nachträglich einen Kern entwickelt hätte, worauf dieser eine solche Macht über die gesammte Zelle erlangt habe. Vielmehr klingt es auch bei dieser Betrachtungsweise annehmbarer den Kern als das Primäre aufzufassen, unter dessen Einfluss das Plasma entstanden sei und sich allmählich vermehrt habe.

Mit einem solchen Entwicklungsgang in der Protistenwelt würden die Ergebnisse unserer Untersuchungen und Deutungen im besten Einklang stehen.

Dass die Bacteriaceen und Cyanophyceen, mag man sie im Uebrigen an die anderen Protisten anknüpfen, wo man will, zu den ursprünglichsten und einfachsten Organismen gehören, wird schwerlich Jemand leugnen.

Ich habe wie Nägeli, und unabhängig von ihm, gelegentlich betont[1], dass ich die saprophytisch lebenden, ungefärbten Formen der Schizophyten für die ursprünglicheren halte, da bei den gefärbten ein Plus an Organisation zugetreten sei. Man glaubte dagegen einwenden zu müssen: es sei nicht zu verstehen, woher jene saprophytischen Urorganismen ihre Nahrung bezogen hätten, und will daher alle Saprophyten als rückgebildet betrachten. Wenn aber das Leben einmal überhaupt entstand, so müssen auch organische Verbindungen vorhanden gewesen sein, aus welchen sich Organismen bilden konnten. Dass aber alle vorhanden gewesenen organischen Verbindungen bei einer solchen Urzeugung zur Bildung von Organismen verbraucht wurden, wird wohl Niemand vermuthen. Vielmehr dürften noch genügende Mengen verblieben sein, welche zur Ernährung der Urorganismen auf saprophytische Weise dienen konnten.

Es dürfte daher die Annahme, dass der Bau der Urorganismen jenem der kleinen, farblosen Bacteriaceen ähnlich gewesen sei, nichts Unmögliches enthalten. Jedenfalls beobachten wir, je tiefer wir in der Reihe der Schizophyten herabsteigen, ein um so stärkeres Zurücktreten des Plasmas gegen den Centralkörper, dessen Kernnatur ich für sicher halte. Schliesslich stossen wir auf Formen, wo die Beobachtung nichts mehr von Plasma erkennen lässt, der ganze Organismus vielmehr ausschliesslich aus dem Centralkörper oder Kern (nach der Analogie mit den höheren und complicirteren) zu bestehen scheint. Wie gesagt, lässt uns die Beobachtung hier im Stich. Die fraglichen Formen sind so klein, dass der Nachweis einer sehr dünnen Plasmalage vorerst kaum sicher zu erbringen sein dürfte, wenn sie auch vorhanden sein sollte. Dürfen wir nun unter solchen Umständen annehmen, dass jene einfachsten Bacteriaceen thatsächlich plasmalose, freie Kerne sind, oder sprechen Wahrscheinlichkeitsgründe für die Gegenwart minimaler Plasmamengen? Für alle derartigen Bacteriaceen, bei welchen eine Membran oder eine Geissel nachzuweisen ist, halte ich die letztere Annahme für wahrscheinlicher. Ich suchte oben darzulegen, dass die Membran der Bacterien in die Kategorie der sog. Plasmamembranen oder Pelliculae gehört, wie sie zahlreichen Protisten

[1] Protozoën, pag. 810.

zukommen und welche sicher durch directe Umbildung, chemische
Modification der äussersten Grenzschicht des plasmatischen Wabengerüstes entstehen. Ist dies richtig, so muss die Membran der Bacteriaceen
auch da, wo ausser ihr kein sonstiges Plasma nachweisbar ist, als Plasma-
repräsentant beurtheilt werden, als der erste Beginn, oder, wer es anders
will, als der letzte Rest der Plasmabildung. Wie ich für Chromatium
zeigte, ist ferner die Geissel, soweit irgend ersichtlich, ein mit der Membran
direct zusammenhängendes Gebilde, so wie die Cilien der Wimperinfusorien
direct von der sog. Pellicula · entspringen. Dies ist ja auch insofern
nicht erstaunlich, als sowohl diese Membranen wie die Cilien und Geisseln
feste Beschaffenheit besitzen müssen. Demnach dürfte auch die Gegenwart von Geisseln die Anwesenheit einer minimalen Plasmaschicht an-
zeigen, um so mehr, als auch alle sonstigen Erfahrungen über diese Be-
wegungsorgane für ihre rein plasmatische Natur sprechen.

Unter solchen Umständen muss es wohl überhaupt als fraglich er-
achtet werden, ob auch den einfachsten Bacteriaceen das Plasma völlig
fehle, ob unter ihnen Formen vorkommen, welche nur dem Centralkörper
oder Kern der übrigen entsprechen.

Bei dieser Gelegenheit möchte ich zu erwähnen nicht versäumen,
dass schon einzelne Forscher gelegentlich die Bacterien mit den Zellkernen der höheren Organismen verglichen und zwar ganz richtig wegen
ihrer meist intensiven Färbbarkeit in den gebräuchlichen Kernfärbemitteln.
Soweit mir bekannt, hat namentlich Klebs diese Ansicht geäussert.

Nicht ohne Interesse scheint es noch, am Schlusse dieser Mittheilung
hervorzuheben, dass auch im Organismus der höheren Thiere Zellen vorkommen, deren Bau nicht unwesentliche Analogien mit jenem der ein-
facheren Bacterien, wie wir ihn auffassen zu müssen glauben, darbietet.
Wie sich leicht errathen lässt, sind dies die Spermatozoën. Auch bei
ihnen tritt das Plasma im reifen Zustand ungemein gegen den ansehnlichen
Kern zurück, d. h. es beschränkt sich auf die Geissel und einen minimalen
Ueberzug des zum Kopf umgewandelten Kernes. Einem Bacterium, wie
dem Fig. 7 abgebildeten, mit mächtiger, bei der Bewegung nach Analogie
mit Chromatium wohl sicher hinten befindlicher Geissel, kann sogar eine
auffallende äussere Aehnlichkeit mit manchen Samenfäden nicht ab-
gesprochen werden. Die Erinnerung an den Bau der Spermatozoën, an das
auffällige Missverhältniss, welches bei ihnen zwischen Plasma und Kern
besteht, brachte mich bei der Untersuchung des Chromatium sogar
zuerst auf die Idee, dass auch hier ein ähnliches Ueberwiegen des
Kernes möglich sei, was die eingehenderen Beobachtungen denn auch be-
stätigten.

Ob diese Analogien zwischen den Bauverhältnissen der Bacteriaceen
und Spermatozoën einen tieferen Grund haben, oder ob sie unabhängig
von einander entstanden sind, muss vorerst noch als offene Frage angesehen

werden, obgleich ich es nicht für ausgeschlossen erachte, dass diese Aehnlichkeit mehr als blosse Analogie ist.

Wie aus den gegebenen Schilderungen hervorgeht, haben diese Untersuchungen gleichzeitig eine erwünschte Bestätigung der von mir vertretenen Anschauung über den wabigen Bau der lebenden Substanz ergeben, und zwar auf einem Gebiet, wo seither Structurverhältnisse des Organismus überhaupt vermisst wurden. Ich darf mir nicht schmeicheln, dass meine Ansicht vom Bau des Plasmas und der lebenden Substanz überhaupt baldige Zustimmung bei den Biologen finden werde, obgleich die von mir beigebrachten Gründe überzeugend genug sind. Immerhin hoffe ich, dass diese neuen Beobachtungen, wenn sie nicht selbst abgelehnt werden, jene Ansicht noch fester stützen dürften. In dieser Hinsicht möchte ich noch bemerken, dass zur Verfolgung und Erkennung so feiner Structurverhältnisse, welche der Grenze des Sichtbaren vielfach nahe kommen, natürlich nicht die flüchtige Betrachtung einiger Präparate ausreicht, vielmehr ein mühsames, lang anhaltendes Vertiefen in den Gegenstand und vor allem auch Uebung im Erkennen feiner Structuren nöthig erscheinen. Besonders den Bacteriologen gegenüber dürfte die weitere Bemerkung erlaubt sein, dass feine Structuren nie bei intensiver Beleuchtung (hoher Einstellung des Abbe'schen Beleuchtungsapparats), sondern nur bei genügend gedämpftem Licht sichtbar werden. Ich glaube dies hier um so mehr betonen zu müssen, als es bei bacteriologischen Untersuchungen vielfach Gebrauch ist, möglichst grelle Beleuchtung anzuwenden, und weil ich sogar bei berühmten Histologen gelesen habe, dass sie die Netzstructur des Plasmas nicht anerkennen, da sie bei intensiver Beleuchtung nichts Bestimmtes von ihr wahrzunehmen vermochten, obgleich sie bei abgeschwächter hervortrat.

Noch ein Punkt darf endlich hier berührt werden. Ein Blick auf die Tafel, welche in übereinstimmendem Maassstab ausgeführt wurde, zeigt, dass der Durchmesser der Waben überall ziemlich gleich ist, dass er etwa zwischen 0,0005—0,001 mm schwankt, gleichgültig, ob die untersuchten Objecte grösser oder kleiner sind. Denselben Durchmesser der Plasmamaschen fand ich auch noch an anderen Objecten. In dieser Beziehung scheint es nun nicht ohne Interesse, dass auch der Wabendurchmesser der feinststructurirten und beststrLömenden Oelseifenschäume, welche mir herzustellen gelang[1], dieselbe Grösse besass. Ich werde dies anderwärts genauer darlegen.

Alle vorstehend geschilderten Beobachtungen wurden mit dem homogenen apochromatischen Objectiv 2 mm Brennweite und 1.30 Apertur von Zeiss sowie dem Compensationsocular Nr. 12 ausgeführt. Wenn nicht sehr intensives Tageslicht angewendet werden kann, empfiehlt es sich,

---

[1] Vergl. Verhandl. des naturhist. medic. Vereins Heidelberg. N.-F. Bd. IV. 1889.

zur Erkennung der Farbenunterschiede starkes künstliches Licht zu ver-
wenden, welches durch eine mit schwach blauer Flüssigkeit gefüllte, sog.
Schusterglocke concentrirt auf den Spiegel geworfen wird. Ich benutze
zu diesem Zwecke eine sog. Hincks-Petroleumlampe mit Doppelbrenner.

Heidelberg, den 18. December 1889.

## Nachschrift.

Seit ich den vorstehend wiedergegebenen Vortrag hielt, suchte ich
durch fortgesetzte Untersuchungen zu ermitteln, ob auch die Zellkerne
typischer Pflanzen und Thiere ähnliche Bau- und Zusammensetzungs-
verhältnisse zeigen, wie die bei den Schizophyten als Kerne gedeuteten
Centralkörper; in der Hoffnung dadurch einerseits, die Deutung der
fraglichen Gebilde als echte Kerne sichern und andererseits wohl auch
die Natur der rothen Körnchen aufklären zu können. Von pflanzlichen
Kernen habe ich die der Epidermiszellen mehrerer Phanerogamen und
mancherlei andere studirt, von thierischen bis jetzt die der rothen Blutkörperchen von Rana esculenta. Bei den Kernen aller dieser sonst so
verschiedenen Organismen finde ich in der Hauptsache eine auffallende
Uebereinstimmung mit den Kernen der Schizophyten. Auch sie zeigen
das mit Haematoxylin sich mehr oder weniger tief blau färbende Gerüst
und darin eingelagert die rothen Körnchen, deren Farbendifferenz an gelungenen Präparaten stets deutlich sichtbar ist. Bei den pflanzlichen
Zellen waren die rothen Körnchen jedoch nie so intensiv gefärbt wie bei
den Schizophyten, hatten auch einen etwas mehr violetten Ton; dagegen
stimmen die der Blutkörperchen in Stärke und Ton der Färbung mit
den oben genauer beschriebenen nahe überein. Die rothen Körnchen
jener thierischen oder pflanzlichen Zellkerne sind nun nichts anderes, als
die in neuerer Zeit Chromatinkörnchen genannte Substanz; das
blaue Gerüst ist das sog. Linin von Schwarz. Diese Ergebnisse sichern
daher die Deutung der Centralkörper der Schizophyten als Zellkerne auf
das Erwünschteste. In Uebereinstimmung mit Zacharias finde ich, dass
die durch die charakteristische Farbenreaktion ausgezeichneten Chromatin-
körner pflanzlicher wie thierischer Kerne von künstlichem Magensaft nicht
gelöst werden, und sich nach der Verdauung so deutlich wie zuvor färben.
Von alkalischem Trypsin (0.5% Soda) werden sie dagegen aufgelöst.

1°/₀ Sodalösung allein brachte aber die Chromatinkörnchen der rothen Blutkörperchen bei 24stündiger Behandlung nicht zum Verschwinden, obgleich sie sich nach dieser Procedur in Haematoxylin weniger intensiv und prägnant färbten. Wenn daher auch, soweit die jetzigen Erfahrungen reichen, zwischen den rothen Körnchen der Schizophyten und den Chromatinkörnern der Kerne höherer Organismen gewisse Unterschiede bestehen, so zweifle ich doch nicht, dass sie sich entsprechen und vertreten. Desshalb erblicke ich, wie gesagt, in diesen neuen Erfahrungen eine werthvolle Stütze der oben gegebenen Deutung des Centralkörpers der Schizophyten als Zellkern.

Heidelberg, den 31. Januar 1890.

Gedruckt bei E. Polz in Leipzig.

# Erklärung der Tafel.

— — ⁓

Fig.
1a — k. **Chromatium Okenii** Ehb. sp.
  1a. Lebendes oder durch Osmiumsäuredämpfe getödtetes Exemplar mit mässiger Menge von Schwefelkörnern.
  1b. Nach Tödtung durch Alkohol und Auflösung des Pigments und der Schwefelkörner mit Haematoxylin gefärbt. Die Structuren nach Pikrinschwefelsäurepräparaten ausgeführt. Optischer Durchschnitt.
  1c. Aehnliches Präparat mit faseriger Structur des Kerns. Die rothen Körner nicht angegeben, da nach Osmiumsäurepräparat gezeichnet, in welchem die Körnchen nicht gefärbt sind.
  1d. Optischer Querschnitt nach einem Präparat wie Fig. 1b.
1e h. Vier successive Theilungsstadien ohne Ausführung der Structurverhältnisse.
2a b. **Ophidomonas jenensis** Ehb.
  2a. Opt. Längsschnitt. Nach Tödtung durch Alkohol und Färbung mit Haematoxylin.
  2b. Optischer Querschnitt eines ähnlich präparirten Exemplars.
3a- d. **Bacterium lineola** (Ehb.) Cohn.
    Sämmtliche Figuren nach mit Alkohol getödteten und in Haematoxylin gefärbten Exemplaren.
  3a. Optischer Längsschnitt.
3b --c. Zwei successive Theilungsstadien; die rothen Körnchen nicht gefärbt. Optischer Längsschnitt.
  3d. Optischer Querschnitt.
4a — c. **Bacterium aus Sumpfwasser** (Alkohol, Haematoxylin).
  4a. Jedenfalls kurz nach der Theilung.
4b — c. Zwei successive Theilungsstadien.
  5. **Bacterium aus Sumpfwasser** (Alkohol. Haematoxylin).
6a- b. **Spirillum undula** Ehb.
  6a. Jedenfalls kurz nach der Theilung; die Geisseln wurden hier nicht gesehen.
  6b. Theilungszustand, jedoch noch ohne Einschnürung.
  7. **Bacterium aus Sumpfwasser** (Alkohol. Haematoxylin).
8a — b. **Bacterium aus Sumpfwasser** (Alkohol. Haematoxylin).
  9. **Bacterium aus Sumpfwasser** (Alkohol. Haematoxylin); unten die mittlere Figur optischer Querschnitt.
  10. **Spirochaeta serpens** Ehb. (Alkohol. Haematoxylin). Kleines Stück eines Fadens.

zur geneigten Beachtung angelegentlichst empfohlen.

—

# Verzeichniss

einer Auswahl

## vorzüglicher pädagogischer und Unterrichtswerke

aus dem Verlage der

## C. F. Winter'schen Verlagshandlung

in Leipzig.

Allen Lehranstalten zur gef. Beachtung, event. Einführung bestens empfohlen. Bei beabsichtigter Einführung sendet die Verlagshandlung den verehrlichen Schulvorständen, resp. den Herren Fachlehrern, auf Wunsch je ein Exemplar der nachstehend verzeichneten Bücher behufs näherer Einsichtnahme **gratis** und **franco.**

**Blum,** Dr. **Ludwig,** Professor an der Königl. Realanstalt in Stuttgart, **Lehrbuch der Physik und Mechanik** für gewerbliche Fortbildungs= schulen. Dritte, vermehrte Auflage, bearbeitet von Richard Blum, Professor am K. Lyceum in Eßlingen. 8. geh. Preis 5 Mark.

Der Herr Verfasser ist bemüht gewesen, bei Bearbeitung dieser neuen Auflage den Fortschritten auf dem Gebiete der Physik und Mechanik im weitesten Umfange Rechnung zu tragen und wird das bereits früher von der Kritik sehr günstig beurtheilte Lehrbuch auch in seiner neuen Gestalt allen berechtigten Anforderungen aufs Beste entsprechen.

**Grundriß der Physik und Mechanik** für gewerbliche Fort= bildungsschulen. Verfaßt im Auftrage der Königlichen Kommission für gewerbliche Fortbildungsschulen in Württemberg. Sechste, verbesserte und vermehrte Auflage, bearbeitet von W. Dietrich, Hilfslehrer am Polytechnikum Stuttgart. Mit 96 Abbildungen in Holzschnitt. 8. geh. Preis 2 Mark.

Der Plan und die Ausführung dieses Grundrisses der Physik und Mechanik ist zweckmäßig und wohlgeeignet dazu, den Schülern an gewerblichen Fortbildungsschulen Geschmack zu erwecken an dem vorliegenden Gegenstande. Man findet in dem Buche Belehrung über Hebel, Flaschenzug, Uhren, Lampen, Pumpen, Spritzen, Mühlwerke, Dampfmaschinen, Telegraphen und die optischen Instrumente. Zur Veranschaulichung sind saubere Zeichnungen beigefügt, welche ein klares Bild der im Buche besprochenen physikalischen und mechanischen Apparate geben. In dieser sechsten Auflage sind einzelne Kapitel, insbesondere das über Dampfmaschinen, neu bearbeitet worden.

**Blum, J. Reinhard,** Professor in Heidelberg, **Die Mineralien** nach den Krystallsystemen geordnet. Ein Leitfaden zum Bestimmen derselben vermittelst ihrer krystallographischen Eigenschaften. gr. 8. geh. Preis 1 Mark.

**Leonhard,** Prof. Dr. **G., Grundzüge der Mineralogie.** Zweite neu bearbeitete Auflage. Mit 6 Tafeln Abbildungen. gr. 8. geh. Preis 6 Mark.

**Grundzüge der Geognosie und Geologie.** Vierte vermehrte und verbesserte Auflage. Nach des Verfassers Tode besorgt durch Professor Dr. **Rud. Hoernes** in Graz. Erste, zweite und dritte Lieferung. Mit zahlreichen Holzschnitten. gr. 8. geh. Preis à Lfg. 3 Mark. Vierte (Schluss-) Lieferung. Mit 122 Holzschnitten. gr. 8. geh. Preis 7 Mk.

Die vorliegende, vierte Auflage dieses bekannten, in vielen Lehranstalten eingeführten Lehrbuches erscheint hiermit, den Anforderungen der Neuzeit entsprechend, in vielfach verbesserter und veränderter Gestalt. Ein grösserer Abschnitt: „Geologie der Gegenwart" ist neu hinzugekommen und derjenige über „Palaeontologie" auf den dreifachen Umfang erweitert; zahlreiche Illustrationen schmücken das Werk und erleichtern das Verständniss der einzelnen Partien desselben.

**Willkomm,** Dr. **Moritz,** Prof. der Botanik und Director des bot. Gartens der Universität Prag, **Waldbüchlein.** Ein Vademecum für Waldspaziergänger. Dritte, stark vermehrte Auflage. Mit 49 Illustrationen. 16. In Callico gebunden. Preis 3 Mark.

So viele Freunde auch der Wald unter den Gebildeten zählt, wenige sind doch darunter, die sich genauere Kenntniß vom Wald und von den Waldbäumen angeeignet haben. Der großen Zahl Jener, denen nicht Lust und Liebe, sondern nur die Gelegenheit hierzu gefehlt hat, soll nun das vorstehende Büchlein als ein treuer Führer und Lehrer dienen. Dasselbe wird auch jungen Forstleuten, welche sich die Kennzeichen der heimischen Holzpflanzen gelegentlich der Waldausflüge einprägen wollen, sehr erwünscht sein. 49 vorzügliche Illustrationen unterstützen das Verständniß des klar und leicht faßlich dargestellten Textes.

**Seubert,** Dr. **Moritz, Lehrbuch der gesammten Pflanzenkunde.** Siebente durchgesehene Auflage. Mit vielen in den Text eingedruckten Holzschnitten. gr. 8. geh. Preis 6 Mark 80 Pf.

**Die Pflanzenkunde in populärer Darstellung.** Mit besonderer Berücksichtigung der forstlich-, ökonomisch-, technisch- und medicinisch- wichtigen Pflanzen. Ein Lehr- und Handbuch für höhere Unterrichts- anstalten und zum Selbststudium. Mit zahlreichen in den Text eingedruckten Holzschnitten. Sechste durchgesehene und vermehrte Auflage. gr. 8. geh. Preis 6 Mark 60 Pf.

Beide Werke, welche die weiteste Verbreitung gefunden haben, wurden durchgängig von der Kritik mit großem Beifall aufgenommen. Ersteres zeichnet sich besonders nicht allein wegen der dem Werke eigenthümlichen gleichmäßigen Behandlung der einzelnen Disciplinen aus, sondern auch vorzüglich der allgemeinen Verständlichkeit wegen, mit welcher die gründliche und streng wissenschaftliche Bearbeitung derselben durchgeführt ist. Das andere Werk ist in gemeinfaßlicher Darstellung geschrieben, enthält aber ganz dasselbe, was das erstere giebt, und wird ebenfalls nicht leicht eine wesentliche Frage unbeantwortet lassen, zumal da bei der Charakteristik der einzelnen Pflanzengattungen jedesmal die zum bessern Verständniß unentbehrlichen Abbildungen beigefügt sind.

**Grundriß der Botanik.** Zum Schulgebrauche und als Grundlage für Vorlesungen an höheren Lehranstalten bearbeitet von Dr. **W. v. Ahles,** Professor am Kgl. Polytechnikum in Stuttgart. Fünfte Auflage. Mit vielen in den Text gedruckten Holzschnitten. 8. geh. Preis 1 Mark 80 Pf.

**Keller**, Dr. **E.**, Docent an der Universität und am schweizerischen Polytechnikum in Zürich, **Grundlehren der Zoologie** für den öffentlichen und privaten Unterricht bearbeitet. Mit 576 in den Text gedruckten Holzschnitten. Zweite, umgearbeitete Auflage. gr. 8. geh. Preis 3 Mark.

Ein vortreffliches, dem heutigen Standpunkte der Wissenschaften in jeder Beziehung angepaßtes Werk, ebenso geeignet zum Unterricht, wie zum Selbststudium. Dasselbe ist reich und vorzüglich illustrirt und sein Preis trotzdem so bescheiden, daß kaum ein zweites Lehrbuch mit diesem wird concurriren können.

**Reynolds**, Dr. **J. E.**, **Leitfaden zur Einführung in die Experimental-Chemie.** Deutsch von G. Siebert. Mit zahlreichen Abbildungen. 16. In Callico. I. Einleitung. Preis 2 Mark. II. Die Metalloide. Preis 3 Mk. III. Die Metalle. Preis 3 Mk. IV. Organische Chemie. Preis 4 Mark.

Vorstehender Leitfaden bezweckt, dem Anfänger eine Reihe systematisch geordneter Versuche vorzuführen; durch die inductive Methode, mit welcher dies geschieht, ist der Nutzen, welchen Studirende aus dem Werkchen zu ziehen vermögen, ein ausserordentlich grosser. Nach dem Urtheile von angesehenen Fachmännern kann dem Anfänger für das Studium der Chemie kein besserer Führer in die Hand gegeben werden, als dieser Leitfaden. Derselbe eignet sich sowohl zum Selbstunterricht als auch zum Unterricht in höheren Klassen.

**Will**, Dr. **H.**, Professor in Giessen, **Anleitung zur chemischen Analyse** zum Gebrauche im chemischen Laboratorium zu Giessen. Zwölfte Auflage. Mit einer Spectraltafel. 8. geh. Preis 4 Mark 60 Pf.

— **Tafeln zur qualitativen chemischen Analyse.** Zwölfte Auflage. 8. cartonnirt. Preis 1 Mark 60 Pf.

**Stern**, **M. A.**, Lehrbuch der algebraischen Analysis. gr. 8. geh. Preis 6 Mk.

**Werner**, **W.**, **Optische Farbenschule** für Familie, Schule, Gewerbe und Kunst zu Lust und Lehre. Ein neuer Weg der Selbsterziehung des Auges für Farben. gr. 8. geh. Preis 1 Mark.

**Bergold**, **Eugen**, Professor am Gymnasium zu Freiburg i. B., **Ebene Trigonometrie** mit einer kurzen Geschichte dieser Disciplin, einer Aufgabensammlung und erläuternden Bemerkungen. Für Gymnasien und Realschulen bearbeitet. gr. 8. geh. Preis 1 Mark 20 Pf.

**Spitz**, Dr. **Carl**, Professor am Polytechnikum in Karlsruhe, **Lehrbuch der ebenen Geometrie** nebst einer Sammlung von 800 Uebungsaufgaben zum Gebrauche an höheren Lehranstalten und beim Selbststudium. Neunte verbesserte und vermehrte Auflage. Mit 251 in den Text gedruckten Holzschnitten. gr. 8. geh. Preis 3 Mark.

**Anhang zu dem Lehrbuche der ebenen Geometrie.** Die Resultate und Andeutungen zur Auflösung der in dem Lehrbuche befindlichen Aufgaben enthaltend. Neunte verbesserte und vermehrte Auflage. Mit 112 in den Text gedruckten Figuren. gr. 8. geh. Preis 1 Mark 50 Pf.

**Spitz,** Dr. **Carl, Lehrbuch der ebenen Polygonometrie** nebst Beispielen und Uebungsaufgaben. Zweite verbesserte Auflage. Mit 30 in den Text gedruckten Figuren. gr. 8. geh. Preis 1 Mark 80 Pf.

— — **Lehrbuch der Stereometrie** nebst einer Sammlung von 350 Uebungsaufgaben. Fünfte verbesserte und vermehrte Auflage. Mit 114 in den Text gedruckten Figuren. gr. 8. geh. Preis 2 Mk. 40 Pf.

**Anhang hierzu.** Preis 60 Pf.

**Lehrbuch der ebenen Trigonometrie** nebst einer Sammlung von 630 Beispielen und Uebungsaufgaben. Sechste verbesserte und vermehrte Auflage. Mit 47 in den Text gedruckten Figuren. gr. 8. geh. Preis 2 Mark.

**Anhang hierzu.** Preis 1 Mark.

**Lehrbuch der sphärischen Trigonometrie** nebst vielen Beispielen über deren Anwendung. Dritte verbesserte und vermehrte Auflage. Mit 42 in den Text gedruckten Figuren. gr. 8. geh. Preis 3 Mark 50 Pf.

**Lehrbuch der allgemeinen Arithmetik.** Erster Theil: Die allgemeine Arithmetik bis einschließlich zur Anwendung der Reihen auf die Zinseszins- und Rentenrechnung nebst 2230 Beispielen und Uebungsaufgaben enthaltend. Vierte verbesserte und vermehrte Auflage. gr. 8. geh. Preis 7 Mark.

— — **Anhang hierzu.** Preis 1 Mark 60 Pf.

**Lehrbuch der allgemeinen Arithmetik** zum Gebrauche an höheren Lehranstalten und beim Selbststudium. Zweiter Theil: Die Combinationslehre, den binomischen Satz, die Wahrscheinlichkeitsrechnung, die sich auf die menschliche Sterblichkeit gründenden Rechnungsarten, die höheren Gleichungen und die Einleitung zur Lehre von den Determinanten nebst 500 Beispielen und Uebungsaufgaben enthaltend. Dritte verbesserte und vermehrte Auflage. gr. 8. geh. Preis 5 Mark.

**Anhang hierzu.** Preis 80 Pf.

**Die ersten Sätze vom Dreieck und die Parallelen.** Nach Bolyai's Grundsätzen bearbeitet. Eine Beigabe zu des Verfassers Lehrbuch der ebenen Geometrie. Mit 43 in den Text gedruckten Holzschnitten. gr. 8. geh. Preis 60 Pf.

**Erster Cursus der Differential- und Integralrechnung** nebst einer Sammlung von 1450 Beispielen und Uebungsaufgaben. Mit 145 in den Text gedruckten Figuren. gr. 8. geh. Preis 10 Mk. 50 Pf.

Sämmtliche Spitz'sche Lehrbücher zeichnen sich durch Klarheit, Bestimmtheit und Gediegenheit der Darstellung aus, so daß sie sich ebenso zum Gebrauche an höheren Lehranstalten wie zum Selbststudium eignen.

**Wenck,** Dr. **J., Die synthetische Geometrie der Ebene.** Ein Lehrbuch für den Schulgebrauch und Selbstunterricht. Mit 243 Figuren. 8. geh. Preis 4 Mark.

Ein Lehrbuch für Alle, welche die neuere oder synthetische Geometrie gründlich kennen lernen wollen und in welchem besonders die Anwendung der neueren Geometrie auf die darstellende hervorragend berücksichtigt ist. Bei dem großen Interesse, welches die synthetische Geometrie neuerdings beansprucht, da von ihr die ausgedehnteste Anwendung auf die technischen Wissenschaften gemacht wird, dürfte dem Buche jedenfalls eine weite Verbreitung gesichert sein. Es eignet sich ebenso sehr zum Selbstunterricht wie zum Gebrauche an Lehranstalten und existirt ein derartiges Lehrbuch zur Zeit noch nicht.

**Feldbausch, F. S., Griechische Grammatik** zum Schulgebrauche. Fünfte, in allen Theilen durchgesehene Auflage. gr. 8. Preis 3 Mark.

------ **Die Episteln des Horatius Flaccus.** Lateinisch und deutsch mit Erläuterungen. Neue wohlfeile Ausgabe. 8. Preis 2 Mark 80 Pf.

**Gerth,** Dr. **Bernhard,** Prof. am Königl. Gymnasium zu Dresden-Neustadt, **Griechisches Uebungsbuch** unter theilweiser Benutzung von Feldbausch-Süpfle's Chrestomathie bearbeitet. Erster Cursus (Quarta). Zweite Auflage. gr. 8. geh. Preis 1 Mark 60 Pf.

**Schwarz** und **Curtman, Lehrbuch der Erziehung.** Ein Handbuch für Eltern, Lehrer und Geistliche, herausgegeben von H. Freiensehner, evang. Pfarrer. Achte Auflage. Erster Theil. Allgemeine Erziehungslehre. gr. 8. geh. Zweiter Theil. Die Schul-Erziehungslehre. gr. 8. geh. Herabgesetzter Preis für beide Theile 5 Mark.

Eines der trefflichsten Bücher in unserer Literatur, das eine wahre Fundgrube pädagogischer Weisheit genannt zu werden verdient. Dasselbe bietet nicht hohle Phrasen, sondern pädagogische Urtheile, geschöpft aus einer reichen Erfahrung, die immer ihre Geltung behalten werden.

**Briefe** der Schule an das Haus, Bausteine zur Eintracht zwischen häuslicher und öffentlicher Erziehung, von einem Freunde der Volkserziehung. 16. Preis 60 Pf.

**Dulon, Rud.,** Aus Amerika über Schule, deutsche Schule, amerikanische Schule und deutsch-amerikanische Schule. 8. Preis 1 Mark 50 Pf.

**Pilz,** Dr. **Carl,** Lehrer der IV. Bürgerschule und Redacteur der Cornelia, **Licht- und Schattenbilder aus meinem Lehrerleben.** Rückblicke auf drei Jahrzehnte im Dienste der Schule. 8. geh. Preis 3 Mark.

Ein Werk des allbekannten und hochgeschätzten Pädagogen, welches die gesammte Lehrerwelt lebhaft interessiren und anregen wird; namentlich den Lehrer- und Schulbibliotheken werden diese lehrreichen und interessanten, von einem gesunden Humor durchwehten Schilderungen aus einer dreißigjährigen Lehrerpraxis unentbehrlich sein.

**Die höchste Aufgabe der Volksschule** oder welche unabweisbaren Forderungen sind an die Schule der Gegenwart zu stellen hinsichtlich der Erwerbung, Pflege und Wahrung des jugendlichen Fortbildungstriebes? Eine Schrift für Lehrer und Schulfreunde. gr. 8. Preis 20 Pf.

**Pilz,** Dr. **Carl, Pädagogische Blüthen.** Gesammelte Beiträge zur Erziehungs- und Unterrichts-Reform. 8. Preis 1 Mark 20 Pf.

**Quintilianus.** Ein Lehrerleben aus der römischen Kaiserzeit. Nach Wahrheit und Dichtung entworfen. 8. Preis 1 Mark 20 Pf.

**Schulandachten** an Festtagen und bei Feierlichkeiten. Den Lehrern und Erziehern gewidmet. Dritte, vermehrte und umgearbeitete Auflage. 8. Preis 90 Pf.

**Rudolphi, Carol., Gemälde weiblicher Erziehung.** 2 Theile. 4. Aufl. 8. Preis 2 Mark 25 Pf.

**Stötzner, H. E., Schulen für schwachbefähigte Kinder.** Erster Entwurf zur Begründung derselben. gr. 8. Preis 60 Pf.

----

In demselben Verlage sind ferner die nachstehenden, höchst beachtenswerthen Werke erschienen und durch alle Buchhandlungen zu beziehen:

**Buckle, Henry Thomas, Geschichte der Civilisation in England.** Deutsch von Arnold Ruge. 6. rechtm. Ausgabe. 2 Bände. gr. 8. geh. Preis 13 Mark 50 Pf.

**Huth, Alfred H., Henry Thomas Buckle's Leben und Wirken.** Auszugsweise umgearbeitet von Leopold Katscher. 8. geh. Herabgesetzter Preis 1 Mark.

**Grün, Karl, Kulturgeschichte des sechszehnten Jahrhunderts.** 8. geh. Preis 3 Mark.

Inhalt: Einleitung. Die Vorboten der Reformation. Die Renaissance. Martin Luther und sein Werk. Der Bauernkrieg. Die Gegenreformation und die Jesuiten. Der Aufstand der Niederlande. Egmont, Don Carlos. Calvin und die Hugenotten in Frankreich. Elisabeth von England und Maria Stuart. Schluß.

**Willkomm,** Prof. Dr. **Moritz, Forstliche Flora von Deutschland und Oesterreich** oder forstbotanische und pflanzengeographische Beschreibung aller im Deutschen Reich und Oesterreichischen Kaiserstaat heimischen und im Freien angebauten Holzgewächse. Nebst einem Anhang der forstlichen Unkräuter und Standortsgewächse. Für Forstmänner sowie für Lehrer und Studirende an höheren Forstlehranstalten. Zweite vermehrte und verbesserte Auflage. Mit 82 Holzschnitten. gr. 8. geh. Preis 25 Mark.

**Blum, Hans, Hallwyl und Bubenberg.** Erzählung aus den Freiheitskämpfen wider Karl den Kühnen. 8. geh. Preis 7 Mark, geb. 8 Mark.

**Lecky, W. E. H.,** Geschichte des Ursprungs und Einflusses der Aufklärung in Europa. Deutsch von Dr. H. Jolowicz. Zweite rechtmässige, sorgfältig durchgesehene und verbesserte Auflage. 2 Bände. gr. 8. geh. Preis 9 Mark.

— Geschichte Englands im achtzehnten Jahrhundert. Mit Genehmigung des Verfassers nach der zweiten verbesserten Auflage des englischen Originals übersetzt von Ferdinand Löwe, Verfasser der Uebersetzung ehstnischer Märchen und der poëtischen Uebersetzung sämmtlicher Fabeln Krylóf's. 4 Bände. gr 8. geh. Herabgesetzter Preis 12 Mark.

— — Sittengeschichte Europas von Augustus bis auf Karl den Grossen. Nach der zweiten verbesserten Auflage mit Bewilligung des Verfassers übersetzt von H. Jolowicz. Zweite rechtmässige Auflage, mit den Zusätzen der dritten englischen vermehrt und durchgesehen von Ferdinand Löwe. 2 Bände. gr. 8. geh. Herabgesetzter Preis 4 Mark 50 Pf.

**Katscher, L.,** Bilder aus dem chinesischen Leben. Mit besonderer Rücksicht auf Sitten und Gebräuche. gr. 8. geh. Herabgesetzter Preis 2 Mark.

**Roscher, W.,** und **Jannasch, R.,** Kolonien, Kolonialpolitik und Auswanderung. Dritte vermehrte und verbesserte Auflage. 8. geh. Preis 9 Mark.

**Donner, J. J. C., Sophokles.** Deutsch in den Versmaßen der Urschrift. Elfte Auflage. Zwei Bände. 8. geh. Preis 6 Mark. In Leinwand gebunden Preis 6 Mark 90 Pf.

Daraus in separaten Abdrücken à 1 Mark:

Antigone, König Oedipus, Oedipus in Kolonos, Philoktetes, Elektra, Der rasende Ajas, Die Trachinerinnen.

**Lazarus, Prof. Dr. M., Ideale Fragen in Reden und Vorträgen.** Dritte, durchgesehene Auflage. gr. 8. geh. Preis 6 Mark, gebunden 7 Mark.

— — Treu und Frei. Gesammelte Reden über Juden und Judenthum. gr. 8. geh. Preis 6 Mark, gebunden 7 Mark.

**Müller, Adolf** und **Karl, Gefangenleben der besten einheimischen Singvögel.** Vogelwirthen und Naturfreunden geschildert. Mit einer lehrbegrifflichen Zusammenstellung und naturgeschichtlichen Beschreibung des Freilebens dieser Vögel. gr. 8. geh. Preis 2 Mark 40 Pf.

**Thierbilder aus dem Walde.** Zwanzig Kupferstiche von A. Krauße, Ad. Neumann u. Adr. Schleich, gezeichnet von T. F. Zimmermann. Mit begleitendem Text von A. E. Brehm. Folio. cart. Preis 6 Mark.

**Mielck, Eduard, Die Riesen der Pflanzenwelt.** Mit 16 lithogr. Tafeln. Hoch-4. cartonnirt. Preis 2 Mark 40 Pf.

**Roßmäßler, E. A., Der Wald.** Den Freunden und Pflegern des Waldes geschildert. Dritte durchgesehene und verbesserte Auflage von Dr. Moritz Willkomm, Prof. der Botanik und Director des botan. Gartens der Universität Prag. Mit 17 Kupferstichen, 90 Holzschnitten und 1 Bestandskarte in lith. Farbendruck. gr. 8. geh. Preis 16 Mark. Elegant gebunden 18 Mark.

**Brehm und Roßmäßler, Die Thiere des Waldes.** Erster Band. Die Wirbelthiere des Waldes. Mit 20 Kupferstichen und 71 Holzschnitten, gezeichnet von T. F.·Zimmermann, gestochen von A. Krauße, Ad. Neumann und A. Schleich, geschnitten von Aarland, Illner und Wendt. gr. 8. geh. Preis 24 Mark. Elegant gebunden in Leinwand 26 Mark.

Zweiter Band. Die wirbellosen Thiere des Waldes. Mit 3 Kupferstichen, gezeichnet von E. Heyn, gestochen von A. Krauße und 97 Holzschnitten, gezeichnet von E. Schmidt, geschnitten von W. Aarland. gr. 8. geh. Preis 14 Mark. Elegant gebunden in Leinwand 16 Mark.

**Brehm, A. E., Gefangene Vögel.** Ein Hand- und Lehrbuch für Liebhaber und Pfleger einheimischer und fremdländischer Käfigvögel. In Verbindung mit Baldamus, Bodinus, Bolle, Cabanis, Cronau, Fiedler, Finsch, von Freiberg, Girtanner, von Gizycki, Golz, Gräßner, Hertloß, A. von Homeyer, Köppen, Liebe, Adolf und Karl Müller, Rey, Schlegel, Schmidt, Stölker und anderen bewährten Vogelwirthen des In- und Auslandes.

Erster Theil. Erster Band: Pfleger und Pfleglinge, Sittiche und Körnerfresser. (Gr. Lex.-Octav. Mit 4 Tafeln. geh. Preis 11 Mark. Gebunden 13 Mark.

Erster Theil. Zweiter Band: Weichfresser. geh. Preis 13 Mark. Gebunden 15 Mark.

**Upilio Faimali. Memoiren eines Thierbändigers.** Gesammelt von Paul Mantegazza, Professor der Anthropologie in Florenz. Autorisirte Uebersetzung. 8. geh. Preis 1 Mark 20 Pf.

**Liebig, Justus von, Chemische Briefe.** Sechste Auflage. Neuer unveränderter Abdruck der Ausgabe letzter Hand. gr. 8. geh. Preis 6 Mark.

**Reclam, Prof. Dr. Carl, Das Buch der vernünftigen Lebensweise.** Eine populäre Hygiene zur Erhaltung der Gesundheit und Arbeitsfähigkeit. Dritte Auflage. 8. geh. Preis 5 Mark. In Leinwand gebunden Preis 5 Mark 90 Pf.

**Griesbach, Dr. H., Zum Studium der modernen Zoologie.** 8. geh. Preis 60 Pf.

Gedruckt bei E. Polz in Leipzig.

# Außergewöhnliche Preisermäßigung

## gediegener und interessanter Werke

### aus dem Verlage der

# C. F. Winter'schen Verlagshandlung in Leipzig.

**Inhalt: Geschichte, Philosophie, Medicin, Pädagogik u. A.**

—∗—

### Bezugsbedingungen:

Jedes der nachstehend aufgeführten Werke ist einzeln zum ermäßigten Preise durch alle Buchhandlungen zu beziehen. — Die Preise verstehen sich gegen baare Zahlung und haben nur bis auf Widerruf Gültigkeit.

Herabgesetzter Ladenpreis.

**Blum**, ein russischer Staatsmann. — Des Grafen Jacob Joh. Sievers Denkwürdigkeiten zur Geschichte Russlands. 4 Bände. 8. *ℳ 6*

Früherer Ladenpreis 33 Mk. 60 Pf. 9 —

Graf von Sievers und Russland zu dessen Zeit. Mit 4 Kupferstichen. gr. 8. Früherer Ladenpreis 9 Mk. 2 25

**Boden, August**, Ueber die Echtheit und den Werth der zu Lessing's Andenken durch Herrn Professor Dr. W. Wattenbach herausgegebenen Briefe von und an Elise Reimarus. Ein kritischer Beitrag zur Kenntniß Lessing's, seines Lebens und Wirkens. gr. 8. Früherer Ladenpreis 1 Mk. — 40

— Lessing und Goeze. Ein Beitrag zur Literatur- und Kirchengeschichte des achtzehnten Jahrhunderts. gr. 8. Früherer Ladenpreis 6 Mk. 2 25

**Bulwer**, geschichtliche Charaktere. Uebersetzt von Dr. K. Lanz. I. Talleyrand. 8. Früherer Ladenpreis 3 Mk. 60 Pf. 1 50

do. II. Mackintosh, Cobbett, Canning. do. 3 Mk. 60 Pf. 1 50

**Burns, Rob.**, Lieder. Uebertragen von Georg Pertz. Mit einer biographischen Skizze von Albert Traeger und dem Portrait von R. Burns. 16. Früherer Ladenpreis 2 Mk. 40 Pf. 1 20

**Criegern**, Dr. H. F. v.. Johann Amos Comenius als Theolog. Ein Beitrag zur Comeniusliteratur. gr. 8. Früherer Ladenpreis 6 Mk. 1 50

**Dankwardt, H.**, Advokat in Rostock, Psychologie und Criminalrecht. gr. 8. Früherer Ladenpreis 2 Mk. 40 Pf. 1 20

—— - Nationalökonomisch-civilistische Studien. Mit einem Vorwort von Wilhelm Roscher. gr. 8. 2 Bände. Früherer Ladenpreis 6 Mk. 40 Pf. 2 25

**Doergens, Hermann**, Grundlinien einer Wissenschaft der Geschichte. Erster Band. Zweite Ausgabe. Mit zwei das Wachsthum der Ideen in der Geschichte veranschaulichenden Schichtenkarten. — Zweiter Band. Zweite Ausgabe. Mit einem Anhange päpstlicher und staatlicher Urkunden in ihren Urtexten sowie einer chronologischen Projection, die Signatura Temporum darstellend. gr. 8. 6 Mk. 60 Pf. | 4 50

**Dulon, Rudolph**, Aus Amerika über Schule, deutsche Schule, amerikanische Schule und deutsch=amerikanische Schule. 8. 4 Mk. 50 Pf. | 1 50

**Feuerbach. Ludwig**, in seinem Briefwechsel und Nachlass, sowie in seiner philosophischen Charakterentwickelung dargestellt von Karl Grün. Erster und zweiter Band. Mit dem Bildniss Feuerbach's. gr. 8. 15 Mk. 60 Pf. | 6 —

**Fuchs, Dr. C. W. C.**, Docent an der Universität in Heidelberg. Die vulkanischen Erscheinungen der Erde. Mit 2 lithographirten Tafeln und 25 in den Text gedruckten Holzschnitten. gr. 8. 11 Mk. | 4 50

**Fürstenhagen, J.**, Kleinere Schriften des Lord Bacon. gr. 8. 4 Mk. | 1 —

**Gagern, H. v.**, das Leben des Generals Fr. v. Gagern. 3 Bände. gr. 8. 6 Mk. | 2 25

**Giżycki, Dr. Georg v.**, Philosophische Consequenzen der Lamarck-Darwin'schen Entwickelungstheorie. Ein Versuch. gr. 8. 2 Mk. | — 90

Die Philosophie Shaftesbury's. gr. 8. 3 Mk. 60 Pf. | 1 50

**Graetz, Prof. Dr. H.**, Kohélet קהלת oder der Salomonische Prediger, übersetzt und kritisch erläutert. Nebst Anhang über Kohélet's Stellung im Kanon, über die griechische Uebersetzung desselben und über Graecismen darin und einem Glossar. gr. 8. 5 Mk. 40 Pf. | 1 50

**Griesbach, Dr. H.**, Zum Studium der modernen Zoologie. 8. 1 Mk. | — 60

**Grün, Karl**, Kulturgeschichte des Sechzehnten Jahrhunderts. 8. 6 Mk. | 3 —

**Guth, Franz**, Die Lehre vom Einkommen in dessen Gesammtzweigen. Aus dem Standpunkte der Nationalökonomie nach einer selbstständigen theoretisch-practischen Anschauung. Zweite Ausgabe. gr. 8. 5 Mk. | 1 50

**Hanser**, Deutschland nach dem dreissigjährigen Kriege. gr. 8. 2 Mk. 25 Pf. | 1 50

**Heuglin's** Reise in das Gebiet des Weissen Nil und seiner westlichen Zuflüsse in den Jahren 1862 bis 1864. Mit einer Karte, sowie 9 Holzschnitten und 8 Tafeln. gr. 8. Cartonnirt. 12 Mk. | 2 25

**Hitzig, Dr. Ferd.**, Professor in Heidelberg, Die Psalmen. Uebersetzt und ausgelegt. I. Band. — II. Band, 1. Hälfte und II. Band, 2. Hälfte. gr. 8. 15 Mk. | 4 50

Das Buch Hiob, übersetzt und ausgelegt. gr. 8. 8 Mk. | 2 25

**Huth, Alfred H.**, Henry Thomas Buckle's Leben und Wirken. Auszugsweise umgearbeitet von Leopold Katscher. 8. 3 Mk. 60 Pf. | 1 —

**Karsten, S.**, Professor in Utrecht, Quintus Horatius Flaccus. Ein Blick auf sein Leben, seine Studien und Dichtungen. Aus dem Holländischen übersetzt und mit Zusätzen versehen von Dr. Moritz Schwach, Professor des römischen Rechts an der Universität zu Prag. 8. 1 Mk. 80 Pf. | — 75

**Katscher, L.**, Bilder aus dem chinesischen Leben. Mit besonderer Rücksicht auf Sitten und Gebräuche. gr. 8. 6 Mk. | 2 —

**Kohut, Dr. Alexander,** Oberrabbiner zu Stuhlweissenburg, Kritische
Beleuchtung der Persischen Pentateuch-Uebersetzung des Jacob ben
Joseph Tavus unter stetiger Rücksichtnahme auf die ältesten Bibel-
versionen. Ein Beitrag zur Geschichte der Bibel-Exegese. gr. 8. 11 Mk. 3 —

**Leben, das, und der Tod.** Todesahnungen, Todesanzeigen, Todesfurcht;
die Ohnmacht, der Schein= und der wahre Tod. Zur Belehrung und Be=
ruhigung für Jedermann. Von *r. . 8. 90 Pf. — 10

**Lecky, W. E. H.,** Geschichte Englands im achtzehnten Jahrhundert. Mit Genehmigung des Verfassers nach der zweiten verbesserten Auflage des englischen Originals übersetzt von Ferd. Löwe.
Verfasser der Uebersetzung ehstnischer Märchen und der poëtischen
Uebersetzung sämmtlicher Fabeln Krylóf's. 4 Bände. gr. 8. 31 Mk. 12 —

**Matthes, G. A.,** Phantom des Schenkelringes und Leistenkanales
in 3 Blättern. Folio. Cart. 9 Mk. 2 25

**Müller, Wilhelm,** Professor in Jena, Ueber den feineren Bau
der Milz. Mit sechs Buntdrucktafeln. 4. 24 Mk. 4 50

**Pilz, Dr. Carl, Die höchste Aufgabe der Volksschule.** Eine Schrift für
Lehrer und Schulfreunde. gr. 8. 40 Pf. — 20

Maurerische Blüthen. Erzählungen, Reden und Gedichte aus dem
Freimaurerleben. 8. 2 Mk. 80 Pf. 1 —

Pädagogische Blüthen. Gesammelte Beiträge zur Erziehungs= und
Unterrichts=Reform. 8. 4 Mk. 40 Pf. 1 20

Schulandachten an Festtagen und bei Feierlichkeiten. Den Lehrern und
Erziehern gewidmet. 8. 2 Mk. — 90

**Rau, Dr. K. H.,** Geh. Rath und Professor, Geschichte des Pfluges. Mit
Holzschnitten. 8. 2 Mk. — 75

**Reichlin-Meldegg, Dr. Kuno** Freiherr **von,** Der Parallelismus
der alten und neuen Philosophie. gr. 8. 1 Mk. 50 Pf. — 75

**Röder, Karl D. A.,** Besserungstrafe und Besserungstrafanstalten als Rechts=
forderung. Eine Berufung an den gesunden Sinn des deutschen Volkes.
gr. 8. 2 Mk. 40 Pf. 1 20

Der Strafvollzug im Geist des Rechts. Vermischte Abhandlungen,
denkenden Rechtspflegern gewidmet. Nebst einigen Aufsätzen W. H. Su=
ringar's. gr. 8. 6 Mk. 80 Pf. 3 —

**Rudolphi, Carol.,** Gemälde weiblicher Erziehung. 2 Theile. 4. Auflage. 8. 6 Mk. 2 25

**Ruge, Arnold,** Geschichte unsrer Zeit von den Freiheitskriegen bis
zum Ausbruche des deutsch-französischen Krieges. gr. 8. 5 Mk. 2 —

**Russische Erzählungen.** Deutsch von Meyer von Waldeck.
8. 4 Mk. 2 —

Inhalt: Pique-Dame. Von Alexander Púschkin. — Die Geschichte des
Vater Alexei. Von Iwán Turgénjew. — Die Hütte auf Hühnerfüssen. Von
Graf Ssaliass.

**Sadler, C.,** Die geistige Hinterlassenschaft Peters I. als Grundlage
für dessen Beurtheilung als Herrscher und Mensch. 8. 90 Pf. — 40

**Schlosser, Dr. und Geheimrath F. Chr.,** Dante, Studien. 8. 4 Mk. — 75

Anzeige der Actenstücke zur Geschichte der Regentschaft in Frankreich, die sich in dem französischen Hauptarchiv finden, verbunden mit
einer Kritik von Lemontey histoire de la régence. (Aus den Heidelb.
Jahrbüchern der Literatur besonders abgedruckt.) gr. 8. 75 Pf. — 40

**Schwarz** und **Curtman**, Lehrbuch der Erziehung. Ein Handbuch für Eltern,
Lehrer und Geistliche herausgegeben von H. Freienfehner, evang. Pfarrer.
Achte Auflage. Erster Theil. Allgemeine Erziehungslehre. gr. 8. Zweiter
Theil. Die Schul-Erziehungslehre. gr. 8. Beide Theile 10 Mk. 5 —

**Sharpe, Samuel**, Geschichte des Hebräischen Volkes und seiner Literatur.
Mit Bewilligung des Verfassers berichtigt und ergänzt von Dr. H. Jolowicz.
8. 1 Mk. 80 Pf. — 60

**Siegismund, R.**, Die Aromata in ihrer Bedeutung für Religion.
Sitten. Gebräuche. Handel und Geographie des Alterthums. gr. 8.
2 Mk. 50 Pf. — 80

**Siegmann, W.**, Königl. Sächs. Oberst der Reiterei a. D., Gedanken über
einige kavalleristische Angelegenheiten. gr. 8. 2 Mk. 40 Pf. — 90

**Smitt, Fr. v.**, Denkwürdigkeiten eines Livländers. (1790--1815.)
2 Bde. Mit einem Bildniss. 8. 3 Mk. 1 50

Feldherrenstimmen aus und über den polnischen Krieg von 1831.
8. 2 Mk. 25 Pf. 1 20

Suworow und Polens Untergang. 2 Theile. Mit Plänen. 8.
5 Mk. 25 Pf. 3 —

Zur Aufklärung über den Krieg von 1812. Mit einer lithogr.
Karte. 8. 3 Mk. 1 20

**Sonntag**, Dr. **Karl Richard**, Professor der Rechte in Heidelberg, Die
Festungshaft. gr. 8. 3 Mk. 1 20

**Ténot, E.**, Paris im December 1851. Histor. Studie über den Staats-
streich. Deutsch von A. Ruge. gr. 8. 3 Mk. — 75

**Thiersch's, Fr.**, Leben, herausgegeben von Heinr. Thiersch. Erster
Band. 1784—1830. gr. 8. Zweiter Band. 1830—1860. gr. 8. 8 Mk. 3 —

**Wiener**, Dr. **Christian**, Die Grundzüge der Weltordnung. Zweite Ausgabe. gr. 8. 6 Mk. 50 Pf. 2 25

**Winteler, J.**, Die Kerenzer Mundart des Kantons Glarus in ihren
Grundzügen dargestellt. gr. 8. 5 Mk. 1 50

**Wittje, G.**, Die wichtigsten Schlachten vom Jahre 1708—1855.
2 Bände. Lex.-8. 3 Mk. 60 Pf. 1 50

Bestellungen auf sämmtliche in diesem Verzeichnisse aufgeführten Werke werden
von allen Buchhandlungen des In= und Auslandes angenommen.

**C. F. Winter'**sche Verlagshandlung in Leipzig.

www.ingramcontent.com/pod-product-compliance
Lightning Source LLC
Chambersburg PA
CBHW022021190326
41519CB00010B/1563